**essentials**

*Essentials* liefern aktuelles Wissen in konzentrierter Form. Die Essenz dessen, worauf es als „State-of-the-Art" in der gegenwärtigen Fachdiskussion oder in der Praxis ankommt. *Essentials* informieren schnell, unkompliziert und verständlich

- als Einführung in ein aktuelles Thema aus Ihrem Fachgebiet
- als Einstieg in ein für Sie noch unbekanntes Themenfeld
- als Einblick, um zum Thema mitreden zu können

Die Bücher in elektronischer und gedruckter Form bringen das Fachwissen von Springerautor*innen kompakt zur Darstellung. Sie sind besonders für die Nutzung als eBook auf Tablet-PCs, eBook-Readern und Smartphones geeignet. *Essentials* sind Wissensbausteine aus den Wirtschafts-, Sozial- und Geisteswissenschaften, aus Technik und Naturwissenschaften sowie aus Medizin, Psychologie und Gesundheitsberufen. Von renommierten Autor*innen aller Springer-Verlagsmarken.

Gerhard Ecker

# Wolfgang Pauli

Die kritische Instanz der modernen Physik

Gerhard Ecker
Fakultät für Physik, Universität Wien
Wien, Österreich

ISSN 2197-6708 ISSN 2197-6716 (electronic)
essentials
ISBN 978-3-662-71543-7 ISBN 978-3-662-71544-4 (eBook)
https://doi.org/10.1007/978-3-662-71544-4

Die Deutsche Nationalbibliothek verzeichnet diese Publikation in der Deutschen Nationalbibliografie; detaillierte bibliografische Daten sind im Internet über https://portal.dnb.de abrufbar.

© Der/die Herausgeber bzw. der/die Autor(en), exklusiv lizenziert an Springer-Verlag GmbH, DE, ein Teil von Springer Nature 2025

Das Werk einschließlich aller seiner Teile ist urheberrechtlich geschützt. Jede Verwertung, die nicht ausdrücklich vom Urheberrechtsgesetz zugelassen ist, bedarf der vorherigen Zustimmung des Verlags. Das gilt insbesondere für Vervielfältigungen, Bearbeitungen, Übersetzungen, Mikroverfilmungen und die Einspeicherung und Verarbeitung in elektronischen Systemen.
Die Wiedergabe von allgemein beschreibenden Bezeichnungen, Marken, Unternehmensnamen etc. in diesem Werk bedeutet nicht, dass diese frei durch jede Person benutzt werden dürfen. Die Berechtigung zur Benutzung unterliegt, auch ohne gesonderten Hinweis hierzu, den Regeln des Markenrechts. Die Rechte des/der jeweiligen Zeicheninhaber*in sind zu beachten.
Der Verlag, die Autor*innen und die Herausgeber*innen gehen davon aus, dass die Angaben und Informationen in diesem Werk zum Zeitpunkt der Veröffentlichung vollständig und korrekt sind. Weder der Verlag noch die Autor*innen oder die Herausgeber*innen übernehmen, ausdrücklich oder implizit, Gewähr für den Inhalt des Werkes, etwaige Fehler oder Äußerungen. Der Verlag bleibt im Hinblick auf geografische Zuordnungen und Gebietsbezeichnungen in veröffentlichten Karten und Institutionsadressen neutral.

Planung/Lektorat: Caroline Strunz
Springer Spektrum ist ein Imprint der eingetragenen Gesellschaft Springer-Verlag GmbH, DE und ist ein Teil von Springer Nature.
Die Anschrift der Gesellschaft ist: Heidelberger Platz 3, 14197 Berlin, Germany

Wenn Sie dieses Produkt entsorgen, geben Sie das Papier bitte zum Recycling.

# Was Sie in diesem *essential* finden können

- Die Entwicklung Paulis vom Wunderkind zum „Gewissen der Physik".
- Die Bedeutung des Ausschließungsprinzips für den Übergang von der alten Quantentheorie (Bohr-Sommerfeld) zur Quantenmechanik (Heisenberg, Schrödinger).
- Die Erklärung des Betazerfalls durch die Neutrinohypothese.
- Die verschiedenen Facetten Paulis von sarkastischen Kommentaren über seine Zeitgenossen zur Hilfsbereitschaft für gefährdete Kollegen während Nazi- und Sowjetterror.

# Vorwort

Wolfgang Pauli war einer der einflussreichsten Physiker der ersten Hälfte des vorigen Jahrhunderts und zugleich eine der schillerndsten Persönlichkeiten des damaligen Wissenschaftsbetriebs. Albert Einstein bezeichnete ihn als seinen legitimen Nachfolger. Von anderen Kollegen wurde er das „Gewissen der Physik" genannt, manchmal aber auch die „Geißel der Physik".

Pauli verließ seine Geburtsstadt Wien bereits mit 18 Jahren, um bei Arnold Sommerfeld an der Universität München Physik zu studieren. Nach Wien kam er später nur für kurze Besuche zurück. Sein 125. Geburtstag im April 2025 und das hundertjährige Jubiläum des annus mirabilis der Quantenmechanik sind Anlass genug, Paulis Biografie und seinen Beitrag zur modernen Physik in Erinnerung zu rufen.

Ausgangspunkt war ein Vortrag über Wolfgang Pauli, den ich auf Einladung der Gesellschaft der Freunde der Österreichischen Akademie der Wissenschaften im November 2024 im Sigmund Freud Museum in Wien gehalten habe. Das Interesse war unerwartet groß und gab Anlass zur Vermutung, dass nicht nur Physiker an der Person und dem Wirken von Pauli interessiert sind.

Das vorliegende Buch besteht aus drei Kapiteln, von denen das erste (Biografie) und das letzte (Pauli und seine Zeitgenossen) keinerlei physikalische Vorkenntnisse benötigen. Das zweite Kapitel ist der Physik gewidmet und erfordert zumindest in einigen Teilen eine gewisse physikalische Vorbildung. Schließlich war Pauli praktisch sein ganzes kurzes Leben an vorderster Front der modernen Physik tätig. Das ging so weit, dass er etwa von seinem Assistenten Victor Weisskopf, einem der späteren Großmeister der didaktischen Aufbereitung der modernen Physik, verlangte, eine populäre Darstellung seiner damaligen Forschungsarbeit nur außerhalb der Dienstzeit anzufertigen.

Im Kapitel Physik war eine Auswahl von Paulis Arbeiten notwendig. Neben dem Erfordernis eines zumutbaren theoretischen Aufwands habe ich mich daher auf seine bekanntesten Werke beschränkt, vor allem solche, die auch heute noch relevant sind: das Ausschließungsprinzip zur Erklärung des Periodensystems der Elemente (vor Aufstellung der Quantenmechanik!), seine Beiträge zur Quantenmechanik, das Postulat des Neutrinos zur Erklärung des Beta-Zerfalls und schließlich seine lebenslange Beschäftigung mit der Rolle von Symmetrien in der modernen Physik.

Für Korrekturen, Verbesserungsvorschläge, Hinweise und Hilfestellungen verschiedener Art danke ich Robert Beig, Reinhard Buchberger, Gian Francesco Giudice, Mathias Lichtenwagner, Peter Pirker, Peter Schmid, Hannelore Sexl, Mikhail Shifman, Brigitte Strohmaier und Daniel Wyler. Besonders bedanke ich mich auch bei Caroline Strunz vom Springer-Verlag für mehrere Verbesserungsvorschläge und ganz allgemein für die professionelle Betreuung dieses Buchprojekts.

Februar 2025<br>
Gerhard Ecker

---

Zur besseren Lesbarkeit (und Vereinfachung des Sprachduktus) wird hier nur eine Form der Geschlechter verwendet, nämlich die männliche. Dabei sind stets alle geschlechtlichen Identitäten mitgemeint.

**Competing Interests** Der/die Autor*in hat keine für den Inhalt dieses Manuskripts relevanten Interessenkonflikte.

# Inhaltsverzeichnis

| | | |
|---|---|---|
| 1 | Biografie | 1 |
| 2 | Physik | 11 |
| | 2.1 Ausschließungsprinzip | 11 |
| | 2.2 Quantenmechanik | 15 |
| | 2.3 Neutrino | 17 |
| | 2.4 Symmetrien | 21 |
| 3 | Pauli und seine Zeitgenossen | 27 |
| | 3.1 Pauli-Effekt | 28 |
| | 3.2 Anekdoten | 29 |
| | 3.3 Die vielen Facetten des Wolfgang Pauli | 30 |
| | Was Sie aus diesem *essential* mitnehmen können | 35 |
| | Literatur | 37 |

# Biografie

Wolfgang Ernst Friedrich Pauli wurde am 25. April 1900 in Wien geboren. Seine Vorfahren väterlicherseits waren angesehene Verleger in Prag. Sein Vater Wolfgang Joseph Pauli studierte allerdings Medizin an der Universität Prag und übersiedelte nach der Promotion 1893 nach Wien, wo er vom mosaischen zum katholischen Glauben konvertierte. Er besuchte als Student Vorlesungen des Physikers und Wissenschaftstheoretikers Ernst Mach, der fast 30 Jahre an der Universität Prag lehrte. Nach der Berufung Machs an die Universität Wien 1895 wurden er und Wolfgang Joseph Pauli Kollegen, wobei Letzterer bis 1938 Professor für Biochemie (Kolloidchemie) war. Paulis Mutter Berta Camilla, geb. Schütz, war eine angesehene Wiener Journalistin (Neue Freie Presse) und Frauenrechtlerin.

Ernst Mach war Paulis Taufpate und beeinflusste den heranwachsenden Schüler bis zu Machs Tod 1916. Pauli bemerkte später: „Er war wohl eine stärkere Persönlichkeit als der katholische Geistliche, und das Resultat scheint zu sein, daß ich auf diese Weise antimetaphysisch statt katholisch getauft wurde." Von 1910 bis 1918 besuchte Pauli das k.k. Staatsgymnasium im 19. Wiener Gemeindebezirk Döbling, das heutige G19 in der Gymnasiumstraße 83. Einer seiner Mitschüler war Richard Kuhn, der spätere Nobelpreisträger für Chemie des Jahres 1938. Zumindest in Österreich ist das wohl ein einmaliger Fall, dass zwei künftige Nobelpreisträger in derselben Klasse saßen (Abb. 1.1). Ob die beiden befreundet waren, ist nicht bekannt, kann aber im Hinblick auf die Biografie Kuhns bezweifelt werden (Kuhn 2024).

Das Talent Paulis zeigte sich bereits im Gymnasium. Wenn sein Physiklehrer an der Tafel die Übersicht verlor, wandte er sich hilfesuchend an Pauli, der auch meistens Rat wusste. Bereits in der Unterstufe las er Werke von Einstein, Euler, Mach und anderen. Im Alter von 12 Jahren besuchte Pauli gemeinsam mit Mach

**Abb. 1.1** Ehrentafel für Wolfgang Pauli und Richard Kuhn am Gymnasium G19 in Wien. (© Peter Pirker. Alle Rechte vorbehalten)

eine Vorlesung des berühmten Arnold Sommerfeld, mit dem Mach befreundet war, an der Universität München. Als Sommerfeld den jungen Pauli im Anschluss an seine Vorlesung gönnerhaft fragte, ob er denn alles verstanden habe, antwortete dieser: „Ja, nur das nicht, was da oben links auf der Tafel steht." Sommerfeld schaute nach und musste zu seiner Verblüffung feststellen (Fischer 2020): „Dort habe ich tatsächlich einen Fehler gemacht."

Diese erste Begegnung war wahrscheinlich mit verantwortlich dafür, dass Pauli nach der Matura (Abitur) 1918 an der Universität München immatrikulierte. Sein Betreuer war niemand anderer als Arnold Sommerfeld. In der Mindestzeit von drei Jahren absolvierte er sein Studium mit einer Dissertation über die Elektronenbahnen im $H_2^+$-Ion nach dem Bohr-Sommerfeld-Modell. Mit dem Ergebnis war Pauli nicht zufrieden, es zeigte die Schwächen des Modells und eine neue Theorie war noch nicht in Sicht (s. Kap. 2).

Einer seiner Studienkollegen in München war der ein Jahr jüngere Werner Heisenberg. Die beiden waren völlig verschiedene Charaktere, aber sie befruchteten einander immer wieder, auch in gemeinsamen Arbeiten. Sie blieben bis an Paulis Lebensende befreundet, gelegentliche Zerwürfnisse mit eingeschlossen.

Auf Einladung von Sommerfeld verfasste Pauli in den Jahren 1920–1921 einen Übersichtsartikel über Einsteins Allgemeine Relativitätstheorie (ART) in der Enzyklopädie der Math. Wissenschaften (Pauli 1921). Die Bezeichnung Übersichtsartikel ist leicht untertrieben, denn das Werk umfasste 237 Seiten. Noch dazu schaffte

Pauli diesen Kraftakt im Laufe seines Studiums, während er auch an seiner Dissertation arbeitete. Mit diesem Werk wurde Pauli schlagartig in der Physikergemeinde bekannt. Der Artikel diente Generationen von Studierenden und Physikern als Grundlage für ein Verständnis der ART. Auch Einstein selbst war in seiner Rezension (Einstein 1922) voll des Lobes: „Wer dieses reife und groß angelegte Werk studiert, möchte nicht glauben, daß der Verfasser ein Mann von 21 Jahren ist. Man weiß nicht, was man am meisten bewundern soll, das psychologische Verständnis für die Ideenentwicklung, die Sicherheit der mathematischen Deduktion, den tiefen physikalischen Blick, das Vermögen übersichtlicher mathematischer Darstellung, die Literaturkenntnis, die sachliche Vollständigkeit, die Sicherheit der Kritik, …"

Nach der Promotion (summa cum laude) im Juli 1921 konnte sich Pauli seine erste Stelle aussuchen. Er wählte ein Zentrum der Grundlagenphysik in Deutschland und wurde Assistent bei Max Born an der Universität Göttingen (Abb. 1.2). Zum Unterschied von Sommerfeld, den Pauli zeit seines Lebens sehr verehrte und nur mit Herr Geheimrat ansprach, war Born überzeugt, dass das Bohr-Sommerfeld-Modell nicht der Weisheit letzter Schluss sein konnte. In einem Brief an Einstein vom Herbst 1921 (Born und Einstein 1972) schreibt er: „Die Quanten sind eine hoffnungslose Schweinerei", womit er bei Einstein vermutlich offene Türen einrannte.

**Abb. 1.2** Max Born und Wolfgang Pauli. (© CERN, Geneva. All Rights Reserved)

In seinen Briefen an Einstein, bzw. in späteren Kommentaren, zeigte sich Born sehr angetan von seinem neuen Assistenten (Born und Einstein 1972) : „W. Pauli ist jetzt mein Assistent; er ist erstaunlich klug und kann sehr viel, einen so guten Assistenten werde ich nie mehr kriegen. Dabei ist er menschlich, seinen 21 Jahren entsprechend, durchaus normal, lustig und kindlich. ...Ich erinnere mich, daß er lange zu schlafen pflegte und mehr als einmal die Vorlesung um elf Uhr verpaßte. Wir schickten dann unser Hausmädchen um halb elf zu ihm, um sicher zu sein, daß er auf sei. Er war ohne Zweifel ein Genius ersten Ranges."

Im Sommer 1922 besuchte Niels Bohr Göttingen. Pauli war von ihm fasziniert und intensive Diskussionen zwischen den beiden führten zu einer Einladung nach Kopenhagen, wo Pauli das Studienjahr 1922/23 verbrachte. Dort studierte er unter anderem den Zeeman-Effekt (Aufspaltung der Spektrallinien im Magnetfeld), der sich aus guten Gründen einer Erklärung im Rahmen des Bohr-Sommerfeld-Modells entzog (s. Kap. 2). Pauli berichtet von einer Begegnung in den Straßen Kopenhagens mit dem Mathematiker Harald Bohr, dem jüngeren Bruder von Niels Bohr, der ihn besorgt fragte, warum er so unglücklich dreinschaue. Pauli antwortete: „Wie kann man glücklich dreinschauen, wenn man über den anomalen Zeeman-Effekt nachdenkt." (O. Klein, in Pauli 1988)

Von Kopenhagen übersiedelte Pauli nach Hamburg, wo er 1923 als „wissenschaftlicher Hilfsarbeiter" von Wilhelm Lenz begann und innerhalb von fünf Jahren zum Ordinarius aufstieg. Pauli hat später seinen Aufenthalt in Hamburg als seine glücklichste Zeit bezeichnet. Das hat nicht nur mit seiner später nobelpreisgekrönten Erklärung des Periodensystems der Elemente mithilfe des Ausschließungsprinzips zu tun (s. Kap. 2). Es war auch das erste Mal seit seiner Studienzeit, dass er lange genug an einem Ort war, um dauerhafte Freundschaften aufzubauen, insbesondere mit dem Experimentalphysiker Otto Stern, dem Mathematiker Erich Hecke und dem Astronomen Walter Baade. Seine Aussage „Als ich nach Hamburg kam, wechselte ich unter dem Einfluß von Otto Stern direkt vom Mineralwasser zum Champagner" muss insofern ergänzt werden, dass er bei seinen häufigen nächtlichen Streifzügen durch St. Pauli (nomen est omen) auch andere Erfahrungen machte, die im Lauf der Zeit zu einem Alkoholproblem führten.

In Hamburg ereilte ihn 1927 die Nachricht von einem schweren Schicksalsschlag. Seine Mutter, an der er sehr hing, hatte Selbstmord begangen. Paulis Vater hatte seine Ehefrau einige Monate vorher für eine andere Frau verlassen, die der Sohn später nur als die böse Stiefmutter bezeichnete. Pauli Junior machte seinen Vater mit verantwortlich für den Suizid seiner Mutter. Das Verhältnis zwischen Vater und Sohn war in der Folge zeitlebens belastet.

Im Jahr 1928 erhielt Pauli den Ruf als Ordinarius der ETH Zürich als Nachfolger von Peter Debye. Mit längeren Unterbrechungen blieb er dort bis zu seinem Lebens-

# 1 Biografie

ende. Die Liste seiner Assistenten enthält klingende Namen von führenden jungen Theoretischen Physikern, die alle später Karriere machten: Ralph Kronig, Rudolf Peierls, Hendrik Casimir, Victor Weisskopf, Markus Fierz, Res Jost, ...Natürlich hatte Pauli auch eine Reihe von Dissertanten und Postdoktoranden. Unter Letzteren seien zwei hervorgehoben: Robert Oppenheimer und Walter Thirring. Robert Oppenheimer promovierte 1928 bei Max Born in Göttingen und verbrachte dann das Sommersemester 1929 an der ETH Zürich, ehe er mit der Quantenmechanik im Gepäck nach Amerika zurückkehrte. Die Konsequenzen sind bekannt. Walter Thirring war im Studienjahr 1951/52 an der ETH Zürich (s. auch Kap. 3). Nach einigen Zwischenstationen kehrte er 1959 als Ordinarius für Theoretische Physik an die Universität Wien zurück. In seinem Gepäck brachte er die Quantenfeldtheorie mit, wovon viele seiner späteren Mitarbeiter und Dissertanten, unter ihnen der Autor dieses Buches, profitierten.

Zur Überraschung seiner Freunde heiratete Pauli im Dezember 1929 die Berliner Nachtklubtänzerin Käthe Deppner. Sie war gelegentlich auch als Schauspielerin in der Truppe von Max Reinhardt in Berlin tätig. Die Vermutung liegt nahe, dass Pauli sie über seine jüngere Schwester Hertha kennenlernte, die bis 1933 ebenfalls Schauspielerin in Reinhardts Truppe war. Nach der Machtübernahme der Nazis verließ sie wie Reinhardt Deutschland für immer. Sie war später als Schriftstellerin erfolgreich und emigrierte 1938 nach Paris und letzten Endes nach New York.

Die Ehe Paulis verlief gelinde gesagt turbulent. Schon nach einigen Monaten kehrte seine Frau zu ihrem früheren Freund zurück, einem Chemiker. Paulis Kommentar: „Wenn es wenigstens ein Stierkämpfer gewesen wäre, aber ein Chemiker!?" Zur Erinnerung: Paulis Vater war Chemiker. Die Ehe wurde 1930 geschieden. Diese Episode dürfte ihn aber doch tiefer getroffen haben: „Mit den Frauen und mir geht es gar nicht und es wird wohl auch nie mehr etwas werden." Diese depressive Phase hing sicher auch mit dem Verlust seiner Mutter und mit seinen Alkoholproblemen zusammen.

In seiner Forschungstätigkeit war von Depression wenig zu merken. Schließlich postulierte er im Dezember 1930 in einem berühmten Brief die Existenz von Neutrinos (s. Kap. 2), neben dem Ausschließungsprinzip seine bekannteste Leistung. Wie auch immer, auf Anraten seines Vaters suchte er den Kontakt zu dem Zürcher Psychiater C.G. Jung, was zu einem intensiven Briefwechsel und einer langjährigen Freundschaft führte. Pauli unterzog sich zunächst einer Therapie bei Jungs Assistentin Erna Rosenbaum, ab 1932 war er dann zwei Jahre lang wöchentlich bei Jung selbst in Analyse.

Inwieweit diese Therapie geholfen hat, ist zwischen Physikern und Psychologen umstritten. Kein Zweifel kann aber daran bestehen, dass Paulis Heirat mit der Münchnerin Franziska (Franca) Bertram seine psychischen Probleme endgültig behob. Die beiden hatten sich im Sommer 1933 bei einer Party im Haus eines gemeinsamen Freundes in Zürich kennen gelernt. Sie heirateten im April 1934 in London. Nach allem, was wir auch aus Paulis Briefen wissen, war es eine sehr glückliche Ehe, die kinderlos blieb. Franca Pauli war definitiv keine Freundin der Psychoanalyse. Wahrscheinlich war sie verantwortlich dafür, dass Pauli die regelmäßigen Analysen bei Jung im Oktober 1934 beendete (Enz 2002). Auf jeden Fall war Franca Pauli der Ruhepol in der Beziehung, was sich besonders bei ihrer gemeinsamen Flucht 1940 in die Vereinigten Staaten als sehr hilfreich erwies.

1938 wurde Pauli nach dem „Anschluss" Österreichs an Nazi-Deutschland automatisch deutscher Staatsbürger. Er brachte daher einen Antrag um die Schweizer Staatsbürgerschaft ein, der abgelehnt wurde. Auch die Lage seines Vaters in Wien wurde prekär. Mit Hilfe von Freunden und von Arthur Rohn, Präsident des Schweizerischen Schulrates Zürich, konnte Vater Pauli in die Schweiz flüchten, wo er an der Universität Zürich eine Arbeitsmöglichkeit erhielt.

Nach Kriegsbeginn wurde die Lage für Pauli immer kritischer. Er stellte daher 1940 einen erneuten Antrag um die Schweizer Staatsbürgerschaft. Obwohl Pauli seit 12 Jahren einen festen Wohnsitz in der Schweiz hatte, wurde auch dieser Antrag abgelehnt. Der Chef der Polizeiabteilung, Heinrich Rothmund, begründete die Ablehnung des Antrags damit, dass Pauli „dem Erfordernis der Assimilation in der strengen Auslegung der geltenden Praxis nicht genüge." Er berief sich dabei auf die Aussage eines „näher stehenden und durchaus wohlgesinnten Kollegen", der Zweifel hinsichtlich der Eignung Paulis für eine Einbürgerung geäußert hätte. Außerdem sei beim Ordinarius für Theoretische Physik gerade wegen seiner prominenten Stellung ein strengerer Maßstab anzulegen als bei Durchschnittsbewerbern.

Pauli war äußerst gekränkt und nahm daher eine Einladung der Universität Princeton für eine Gastprofessur an. Aus dem ihm von der ETH gewährten Urlaub für ein halbes Jahr wurden letzten Endes sechs Jahre. Wegen der Kriegsereignisse wurde der zivile Luftverkehr praktisch eingestellt. Pauli und seine Frau mussten daher mit der Bahn von Genf aus über Frankreich und Spanien nach Portugal reisen, von wo sie mit dem Schiff in die USA ausreisen konnten. Aufgrund der Einladung aus Princeton hatten sie wenigstens keine Probleme mit den Einreisevisa. Wie bereits erwähnt war Franca Pauli bei dieser Flucht eine große Stütze für ihren Mann. Am 24. August 1940 kamen sie schlussendlich in New York an.

Da Pauli in Princeton keine Lehrverpflichtung hatte, konnte er sich ganz der Forschung widmen. Viele seiner Kollegen waren allerdings unter Oppenheimers Leitung am Manhattan-Projekt beteiligt. In einem Brief an Charlotte Houtermans vom 16.2.1942 beklagt sich Pauli (Shifman 2017): „Was mich ziemlich deprimiert ist der vollkommene Abbau der Physik zu Gunsten von defense-work in diesem Land. Was diese defense-work eigentlich ist, weiß ich nicht und ich weiß daher auch nicht, wie wichtig sie ist. ...Ich hatte als ich herkam damit gerechnet, daß die U.S.A. früher oder später in den Krieg hineingezogen werden wird – aber nicht damit. daß die Physik vollständig quantitativ gestoppt werden wird." Nicht zuletzt aus finanziellen Gründen wandte sich Pauli schließlich an Oppenheimer und bot seine Mitarbeit an. Oppenheimer antwortete ihm in einem recht seltsamen Brief mit dem Vorschlag, dass Pauli auch Arbeiten im Namen von Kollegen, die an kriegswichtiger Forschung arbeiteten, veröffentlichen sollte, um die deutschen Behörden irrezuführen. Trotz seiner Sympathie für ungewöhnliche Methoden lehnte Pauli ab.

Im Herbst 1945 erhielt Pauli die Verständigung, dass ihm für sein Ausschließungsprinzip der Nobelpreis für Physik verliehen wurde. Zur Nobelpreisverleihung im Dezember konnte er allerdings nicht nach Stockholm reisen, weil er keinen gültigen Pass besaß. Bei einer Feier in Princeton zu diesem Anlass bezeichnete ihn Einstein, der ihn für den Nobelpreis vorgeschlagen hatte, als seinen legitimen Nachfolger. Nicht zuletzt aufgrund dieser Auszeichnung wurde Pauli 1946 die amerikanische Staatsbürgerschaft verliehen. Trotz vieler Angebote in den USA kehrte Pauli noch 1946 nach Zürich zurück.

Sein Assistent und späterer Kollege Res Jost berichtet von einem gemeinsamen Spaziergang, wo Pauli ihm erklärte, dass es in Amerika zwar leicht sei, viel Geld zu verdienen, aber schwierig, es angenehm auszugeben (Jost 1984). Dabei könnte auch mitgewirkt haben, dass für den gebürtigen Wiener seine geliebten Mehlspeisen wohl eher in Zürich als im Mittleren Westen der USA aufzutreiben waren. Im Jahre 1949 erkannten die Schweizer Behörden schließlich, dass Paulis Assimilation auch in der strengen Auslegung der geltenden Praxis hinreichend erfolgt wäre, um ihm die Schweizer Staatsbürgerschaft zuzuerkennen.

Pauli wie auch sein Freund Heisenberg waren an der Gründung des CERN (Conseil Européen pour la Recherche Nucléaire) beteiligt. Am 29. September 1954 wurde das CERN in Genf gegründet, zunächst als gemeinsame Forschungseinrichtung von 12 Ländern, darunter Deutschland. 1959 wurde auch Österreich Mitglied.

Gegen Ende seines Lebens begann Pauli noch einmal eine wissenschaftliche Zusammenarbeit mit Heisenberg. Eine solche Tätigkeit würde eigentlich eher ins nächste Kapitel passen. Diese Zusammenarbeit ist allerdings weniger wegen ihres physikalischen Gehalts von Interesse, da das Ergebnis ein ziemliches Fiasko war. Aber sie beleuchtet noch einmal die unterschiedlichen Zugänge der beiden Freunde und ist daher vor allem von historischem und/oder psychologischem Interesse.

Die Grundidee Heisenbergs für seine „Einheitliche Spinor-Feldtheorie" geht in das Jahr 1953 zurück. Damals vermehrte sich die Anzahl der in Experimenten gefundenen Teilchen so rasch, dass nicht jedes dieser Teilchen fundamental sein konnte. Heisenberg postulierte daher die Existenz eines universellen masselosen Urteilchens mit Spin (Eigendrehimpuls) $\hbar/2$, aus dem sich alle beobachteten Teilchen zusammensetzen sollten. Die zugehörige Differenzialgleichung enthielt auch eine fundamentale Länge von der Größenordnung $10^{-15}$ m. Pauli war zunächst durchaus interessiert. Im Lauf der Zusammenarbeit verstärkte sich aber sein Verdacht, dass bei diesem Projekt der Wunsch als Vater des Gedankens dominierte. Er beschäftigte sich daher eingehend mit der mathematischen Struktur von Heisenbergs Feldgleichung. Dabei stellte er einerseits fest, dass die Gleichung auch negative Wahrscheinlichkeiten produzierte (im Physiker-Jargon Geister genannt) und sich andererseits keine Resultate ableiten ließen, die man mit experimentellen Ergebnissen vergleichen hätte können. Heisenberg ließ sich durch die Einwände Paulis nicht beirren. Für ihn war die Grundidee das Wichtige, die Mathematik würde sich schon danach richten und letzten Endes nur „gute Geister" produzieren.

Anfang Februar 1958 stellte Pauli das Projekt in einem Vortrag an der Columbia University in New York vor. Die von den dortigen Kollegen vorgebrachten Einwände bestärkten Paulis Zweifel. Heisenberg seinerseits hielt Ende Februar ein Kolloquium über seine Theorie an der Universität Göttingen ab. Einer der anwesenden Journalisten prägte hernach die Bezeichnung „Weltformel", die von der gesamten deutschen Presse übernommen wurde. Eine Rundfunkanstalt berichtete von dem „vielleicht großartigsten Versuch menschlichen Scharfsinns". Das war zuviel für Pauli und er kündigte seine Mitarbeit auf. Wenig später stellte Heisenberg seine Theorie in einem Radiointerview als Heisenberg-Pauli-Theorie vor, die praktisch fertig sei und wo nur noch einige Details fehlten. Daraufhin schickte Pauli eine Postkarte an seinen Freund George Gamow, von dem er wusste, dass er den Inhalt sofort an alle bekannten Physiker weiterleiten würde. Auf der Postkarte zeichnete Pauli ein Rechteck und schrieb darunter[1] „Dies soll der Welt zeigen, daß ich wie Tizian malen kann. Nur technische Details fehlen noch."

Heisenberg war sehr verärgert. Im Spätsommer 1958 trafen sich die beiden ein letztes Mal in Varenna am Comer See anlässlich einer Tagung über Mathematische Probleme der Quantenfeldtheorie. Diese Begegnung verlief durchaus versöhnlich. Pauli wiederholte, dass er aus dem Projekt aussteige, ermunterte Heisenberg aber weiter zu machen. Das tat dieser auch in den folgenden Jahren mit verschiedenen Mitarbeitern, aber das Interesse der Physikergemeinde war erloschen. Zehn Jahre später krähte kein Hahn mehr nach der Weltformel. An die Stelle eines Urteilchens traten Quarks und Leptonen als fundamentale Bausteine der Materie und von einer minimalen Länge von $10^{-15}$ m konnte keine Rede sein. Die elektroschwachen und starken Wechselwirkungen wurden im Rahmen des bis heute gültigen Standardmodells durch nicht-abelsche Eichtheorien beschrieben (s. auch Ecker 2017).

---

[1] Deutsche Übersetzung des englischen Originals durch den Autor

# 1 Biografie

Seit dem Sommer 1957 klagte Pauli immer wieder über Schmerzen in der Magengegend. Als er sich schließlich im Dezember 1958 in einem Zürcher Spital untersuchen ließ, wurde ein Krebsgeschwür in der Bauchspeicheldrüse diagnostiziert, das nicht mehr operabel war. Pauli starb am 15. Dezember 1958.

# Physik 2

Eine vollständige Publikationsliste Paulis findet man in Peierls (1960). Neben dem Erfordernis eines zumutbaren theoretischen Aufwands beschränken wir uns in diesem Kapitel auf seine bekanntesten Werke und/oder solche, die auch heute noch relevant sind: Ausschließungsprinzip, Quantenmechanik, Neutrino und Symmetrien. In der Publikationsliste finden sich außerdem Arbeiten zum Paramagnetismus, Quantisierung der skalaren relativistischen Wellengleichung (Klein-Gordon-Gleichung), Feldgleichungen für Teilchen mit beliebigem Spin, Meson-Theorie der Kernkräfte, Infrarotproblem in der Quantenfeldtheorie, Regularisierung (Pauli-Villars) und Renormierung der Störungstheorie, .... Außerdem sind in seinen mehr als 2000 veröffentlichten Briefen sicher noch unentdeckte Juwelen verborgen.[1]

## 2.1 Ausschließungsprinzip

Nach dem Rutherford'schen Atommodell von 1911 umschwirren die negativ geladenen Elektronen den positiv geladenen Atomkern wie Planeten die Sonne. Dieses Modell bestimmte zwar eine Zeit lang die Vorstellung, die sich die Physiker von einem Atom machten, allerdings lieferte es weder eine Erklärung für die Existenz von Spektrallinien, noch konnte es erklären, warum die Elektronen nicht in den Kern stürzen, wie es nach der klassischen Elektrodynamik zu erwarten war.

Nach seinem Aufenthalt bei Rutherford in Manchester erweiterte Niels Bohr dieses Modell um eine entscheidende Hypothese. Er behielt zwar die kreisförmigen

---

[1] Derzeit ist ein weiterer Band mit Paulis Briefen in Vorbereitung: D. Wyler, Univ. Zürich, private Mitteilung.

Elektronenbahnen um den Atomkern bei, aber er postulierte zusätzlich, dass der Bahndrehimpuls eines Elektrons, der die physikalische Dimension einer Wirkung hat, quantisiert ist, wobei nur ganzzahlige Vielfache des Planck'schen Wirkungsquantums $\hbar$ erlaubt sind. Damit konnte das Termschema des Wasserstoffs erklärt werden, das zu den beobachteten Spektralübergängen führt (Abb. 2.1).

Das Bohr'sche Atommodell war ein Riesenerfolg, aber es tauchten sehr bald Schwierigkeiten auf. So versagte das Modell bereits beim Helium, dem nächstschwereren Atom (Born und Heisenberg 1923). Auch die Erweiterung des Modells durch Sommerfeld, daher auch Bohr-Sommerfeld-Modell, das im Wesentlichen auch Ellipsenbahnen zuließ, konnte die Defizite nicht vollständig beseitigen (siehe auch Ecker 2017).

Pauli eröffnete das annus mirabilis der Quantenmechanik 1925 mit seiner Arbeit über das Ausschließungsprinzip. Die Arbeit war eigentlich bereits Ende 1924 fertig.

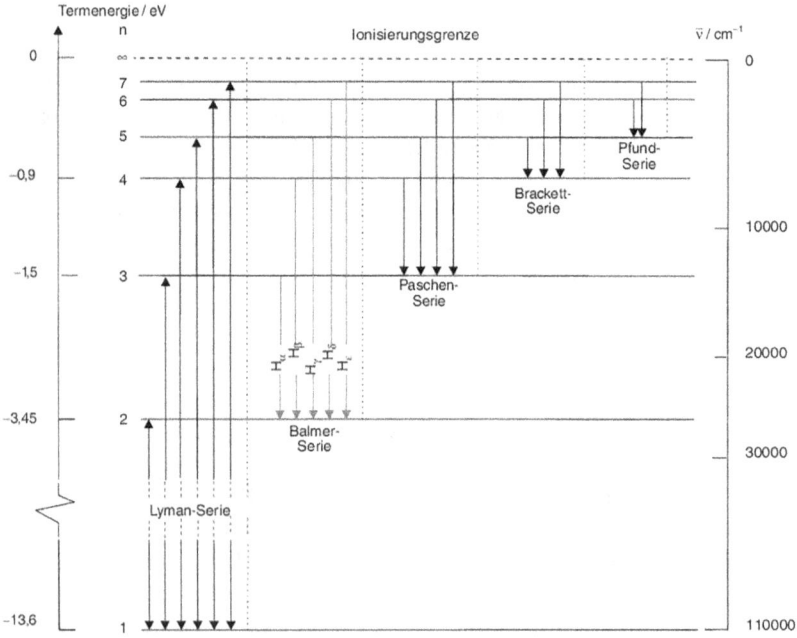

**Abb. 2.1** Termschema und Spektralserien des Wasserstoffs. (Aus Demtröder 2010; mit freundlicher Genehmigung von © Springer-Verlag Berlin/Heidelberg 2010. All Rights Reserved)

## 2.1 Ausschließungsprinzip

Aber wie bei Pauli üblich, sandte er das Manuskript zuerst einigen Kollegen mit der Bitte um Kommentare, insbesondere an Bohr und Heisenberg, sodass die Arbeit erst im Februar 1925 erschien (Pauli 1925). Das Termschema des Wasserstoffs legte zwar nahe, dass bei schweren Atomen die Spektralniveaus sukzessive mit Elektronen aufgefüllt werden. Aber das Bohr-Sommerfeld-Modell bot weder eine Erklärung, wie viele Elektronen die einzelnen Niveaus bevölkern, noch warum die Elektronen nicht alle in den Grundzustand, also in das tiefste Niveau, stürzen. Das Stabilitätsproblem tauchte also in neuem Gewand wieder auf. Die Frage nach der Anzahl der Elektronen in einem gegebenen Niveau hatte Pauli schon bei seinen Untersuchungen des (anomalen) Zeeman-Effekts in Kopenhagen geplagt.

Obwohl im Jahr 1925 noch nicht alle Atome bekannt waren, war die Struktur des Periodensystems der Elemente im Wesentlichen bekannt (Abb. 2.2). Die einzelnen Spalten des Periodensystems enthalten Elemente, die chemisch ähnlich sind. So umfasst die erste Spalte links die sogenannten Alkalimetalle, die chemisch sehr aktiv sind. Dagegen enthält die letzte Spalte rechts die Edelgase, die nur als Atome und nicht auch als Moleküle vorkommen, weil ihre chemischen Kräfte zu schwach sind, um Bindungen einzugehen. Die Chemie eines Elements ist durch die Elektronen in der äußersten Schale bestimmt: bei den Alkaliatomen ein einziges Elektron, bei den Edelgasen ist auch die äußerste Schale voll mit Elektronen belegt.

Um diese Struktur zu erklären, erweitert Pauli das Bohr-Sommerfeld-Modell um zwei weitere Postulate.

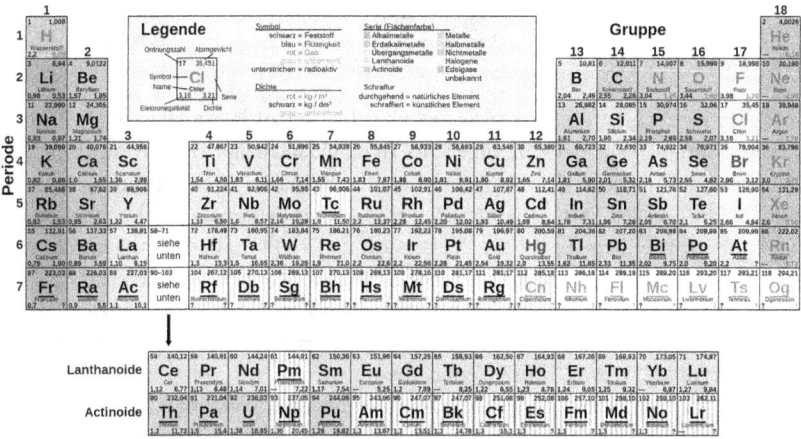

**Abb. 2.2** Periodensystem der Elemente. (© Antonsusi, Public domain, via Wikimedia Commons. Alle Rechte vorbehalten)

1. Im Bohr-Sommerfeld-Modell gibt es drei Quantenzahlen: die Hauptquantenzahl $n$ (s. Abb. 2.1), den Betrag des Bahndrehimpulses $l$ (eine natürliche Zahl 0, 1, 2, ..., ab jetzt immer in Einheiten der Planck'schen Konstante $\hbar$) und die dritte Komponente des Drehimpulses $l_3$, die die $2l + 1$ möglichen Einstellungen (Singlett für $l = 0$, Triplett für $l = 1$, etc.) unterscheidet. Pauli führt nun eine zusätzliche vierte Quantenzahl $s$ ein, die zwei Werte annehmen kann ($s = \pm 1/2$) und die wir heute als Elektronspin interpretieren.
2. Das Ausschließungsprinzip im engeren Sinn: Zwei Elektronen können nicht die gleichen Quantenzahlen $n, l, l_3, s$ haben. Damit ist die Stabilität der Atome „erklärt": Elektronen können nicht in tiefer liegende, mit Elektronen gefüllte Schalen fallen.

Damit erklärt sich auch die Struktur des Periodensystems, insbesondere die sogenannten „magischen" Zahlen der Atomhülle: 2, 8, 18, 32. Diese Zahlen geben die Anzahl von Atomen in den einzelnen Perioden in Abb. 2.2 an, also die Zahl der Eintragungen in den horizontalen Zeilen. Diese Zahlen waren schon länger bekannt und auch, dass sie der Formel

$$2\,m^2 \text{ für } m = 1, 2, 3, 4$$

genügen. Wie leicht nachzuweisen[2], gilt auch

$$2\,m^2 = 2 \sum_{l=0}^{m-1} (2l + 1). \tag{2.1}$$

In dieser Fassung ist die Formel sofort physikalisch zu interpretieren. Die Zahl 2 vor dem Summenzeichen steht für Paulis vierte Quantenzahl $s$, die Werte nach dem Summenzeichen geben die möglichen Bahndrehimpulse an. So ist zum Beispiel in der ersten Zeile des Periodensystems $m = 1$, daher kann nur $l = 0$ beitragen und die Formel ergibt den Wert 2 für Wasserstoff und Helium. In der zweiten Zeile ist $m = 2$ und daher kommen in der Summe Singlett ($l = 0$) und Triplett ($l = 1$) in Frage, mit dem Ergebnis 8 für die Atome Lithium bis Neon. In den letzten beiden Zeilen mit Lanthanoiden, bzw. Actinoiden gilt $m = 4$, daher $l \leq 3$ und die Formel ergibt 32 Atome, wie in Abb. 2.2 ersichtlich.

Bohr war von Paulis Arbeit begeistert und sprach von einem entscheidenden Wendepunkt. Wahrscheinlich hoffte er, mit dem Zusatz des Ausschließungsprin-

---

[2] Am elegantesten mit der Methode der vollständigen Induktion.

zips sein Atommodell retten zu können. Pauli selbst war weniger enthusiastisch (Pauli 1925): „Das Problem der näheren Begründung der hier zugrunde gelegten allgemeinen Regel über das Vorkommen von äquivalenten Elektronen im Atom dürfte wohl erst nach einer weiteren Vertiefung der Grundprinzipien der Quantentheorie erfolgreich angreifbar sein." Seine Hoffnung ging wenige Monate später in Erfüllung.

Obwohl der Beitrag der vierten Quantenzahl $s$ entscheidend war, blieb die Interpretation bei Pauli offen. Sein späterer Assistent Kronig vermutete zwar schon vor der Publikation von Paulis Arbeit, dass es sich um einen Eigendrehimpuls (Spin) des Elektrons handeln könnte. Pauli bezeichnete das „als einen ganz witzigen Einfall", aber sowohl er wie auch Heisenberg waren überzeugt, dass die Vorstellung des Elektrons als eine rotierende geladene Kugel keinen Bezug zur Realität hätte. Kronig verzichtete daraufhin auf eine Publikation. Es war nicht das letzte Mal, dass Pauli einen Kollegen zum Verzicht bewog. Die Entdeckung des Spins wird daher Samuel Goudsmit und George Uhlenbeck zugeschrieben. Sie waren zwar wegen Paulis Kritik ebenfalls verunsichert, aber ihr Vorgesetzter an der Universität Leiden, Paul Ehrenfest, ein weiterer Exil-Wiener und Freund Paulis, ermunterte sie mit den folgenden Worten zur Publikation (Uhlenbeck 1976): „Sie sind beide jung genug, um sich eine Dummheit leisten zu können."

Nach Aufstellung der Quantenmechanik war bald klar, dass der Spin des Elektrons (oder irgendeines anderen Teilchens) auf derselben Ebene zu behandeln ist wie der Bahndrehimpuls (Darstellungen der Drehgruppe). Pauli erweiterte daher schon 1927 die Schrödinger-Gleichung unter Einbeziehung des Elektronspins zur Schrödinger-Pauli-Gleichung (Pauli 1927), dem nichtrelativistischen Grenzfall der Dirac-Gleichung.

## 2.2 Quantenmechanik

Im Juli 1925 übergibt Heisenberg seinem Chef Born ein Manuskript, das dieser in einem Brief an Einstein (Born und Einstein 1972) so beschreibt: „Heisenbergs neue Arbeit, die bald erscheinen wird, sieht sehr mystisch aus, ist aber sicher richtig und tief." Heisenberg geht davon aus, dass unmessbare Größen wie Bahnen und Umlaufzeiten der Elektronen keinen Platz in einer neuen Theorie haben sollten. Stattdessen untersucht er Relationen zwischen messbaren Größen wie den Frequenzen von Spektrallinien (Heisenberg 1925). Zum Unterschied von Heisenberg selbst erkannte Born sofort die zugrundeliegende mathematische Struktur. Die endgültige Formulierung der Matrizenmechanik erfolgte dann Ende des Jahres 1925 in der sogenannten Drei-Männer-Arbeit (Born et al. 1925).

Im Januar 1926 reichte Pauli eine Arbeit zur Publikation ein, in der er das Wasserstoffspektrum mithilfe der Matrizenmechanik berechnete (Pauli 1926). Diese Arbeit war nicht nur eine beachtliche Leistung, sie war auch für die Anerkennung der Matrizenmechanik von großer Bedeutung. Heisenberg selbst war sehr beeindruckt (Hermann 1980): „ Ich brauche Ihnen wohl nicht zu schreiben, wie sehr ich mich über die neue Theorie des Wasserstoffs freue, und wie sehr ich es bewundere, daß Sie sie so schnell herausgebracht haben."

Noch im selben Monat reicht Erwin Schrödinger seine erste Arbeit zur Wellenmechanik mit dem Titel „Quantisierung als Eigenwertproblem" ein (Schrödinger 1926a), in der nicht nur die Schrödinger-Gleichung vorgestellt wird, sondern auch gleich das Spektrum des Wasserstoffs mit dieser Gleichung berechnet wird. Das war schon fast zuviel des Guten: Vor Kurzem tappten die Physiker noch im Dunkeln und nun gab es gleich zwei konkurrierende Quantentheorien. Während eines Forschungsaufenthalts in Kopenhagen fand Pauli den Beweis, dass die beiden Versionen mathematisch äquivalent sind. Er teilte seinem Hamburger Kollegen Jordan diesen Beweis auch in einem Brief mit. Zur gleichen Zeit gelang auch Schrödinger dieser Beweis, den er sofort publizierte (Schrödinger 1926b). Pauli verzichtete daraufhin auf eine eigene Publikation.

Ende 1926 schreibt Pauli in einem Brief an Heisenberg (Pauli 2005): „Man kann die Welt mit dem $p$-Auge und man kann sie mit dem $x$-Auge[3] ansehen, aber wenn man beide Augen zugleich aufmachen will, wird man irre." In dem Brief war nicht nur diese Bemerkung, sondern wie bei Pauli üblich eine ganze Abhandlung enthalten. Das erklärt die Antwort Heisenbergs: „..., daß Ihr Brief dauernd hier die Runde macht und Bohr, Dirac und Hund uns dauernd darum raufen." Heisenberg dürfte die Rauferei für sich entschieden haben, denn schon im März 1927 reichte er eine Arbeit mit dem Titel „Über den anschaulichen Inhalt der quantentheoretischen Kinematik und Mechanik" ein (Heisenberg 1927). Der physikalische Gehalt der berühmten Unbestimmtheitsrelation[4] wird in Heisenbergs Artikel ausführlich analysiert, insbesondere dass Ort und Impuls eines Teilchens nur mit einer charakteristischen Ungenauigkeit bestimmt werden können. Für eine detaillierte Diskussion der Unbestimmtheitsrelation siehe Ecker 2017.

Heisenberg bedankte sich bei Pauli (Heisenberg 1927) „für die vielfache Anregung, die ich aus gemeinsamen mündlichen und schriftlichen Diskussionen empfangen habe, und die zu der vorliegenden Arbeit wesentlich beigetragen hat." Heisenberg schätzte Paulis Kritik und Kommentare sehr hoch ein. So bemerkte er einmal, dass er keine Arbeit veröffentlicht hätte, bevor Pauli sie nicht gelesen hätte. Da

---

[3] Tatsächlich verwendet Pauli den Ausdruck $q$-Auge statt $x$-Auge.
[4] Der häufiger verwendete Ausdruck Unschärferelation ist weniger zutreffend.

Heisenberg bis 1958 128 Artikel publizierte (Hermann 1980), erforderte das einen beträchtlichen Aufwand von Seiten Paulis, von den etwa 250 Briefen Heisenbergs ganz zu schweigen, die Pauli alle beantwortete. Mit Heisenberg verband ihn eine langjährige Freundschaft, die erst in den späten Fünfzigerjahren des vorigen Jahrhunderts gefährdet war (s. Kap. 1).

Am Beginn des Quantenzeitalters standen die Planck'sche Strahlungsformel und die Photonhypothese Einsteins. In der Quantenmechanik kommen die Photonen aber gar nicht vor. Das Hauptproblem einer Quantentheorie für Photonen besteht darin, dass die Photonen immer mit Lichtgeschwindigkeit unterwegs sind und daher jede nichtrelativistische Näherung, die in der Quantenmechanik verwirklicht ist, von vornherein sinnlos ist. Konkret ist die Quantenmechanik nur dann anwendbar, wenn für die Geschwindigkeit $v$ und die Energie $E$ der beteiligten Teilchen mit Masse $m$ gilt:

$$v \ll c \quad , \quad E \ll E_0 = mc^2 . \tag{2.2}$$

Der Weg führt nur über eine Quantisierung des elektromagnetischen Feldes und die Gründerväter der Quantenmechanik waren sich dessen sehr wohl bewusst. Nach Vorarbeiten von Born, Dirac, Jordan und anderen erfolgte ein erster Höhepunkt in zwei Arbeiten von Pauli und Heisenberg, in denen die allgemeine Theorie relativistischer Quantenfeldtheorien formuliert wurde (Heisenberg und Pauli 1929, Heisenberg und Pauli 1930). Die aktuelle Theorie der fundamentalen Wechselwirkungen, das sogenannte Standardmodell, baut auf dieser Grundlage auf (s. Ecker 2017).

## 2.3 Neutrino

Bald nach der Entdeckung der Radioaktivität durch Becquerel klassifizierte Rutherford Kernzerfälle in zwei Gruppen (Rutherford 1899):

- $\alpha$-Zerfall
  Mutterkern $\longrightarrow$ Tochterkern + $\underbrace{\text{He-Kern}}_{\alpha-\text{Teilchen}}$
- $\beta$-Zerfall
  Mutterkern $\longrightarrow$ Tochterkern + Elektron + ?

Wenn wir das Fragezeichen beim $\beta$-Zerfall vorläufig ignorieren, handelt es sich in beiden Fällen um sogenannte Zwei-Körper-Zerfälle. In der Einführungsvorlesung für Teilchenphysik lernt man, dass die beiden Teilchen im Endzustand eindeutige

Energiewerte besitzen. Wenn sich also der Mutterkern zum Beispiel im Ruhezustand befindet, haben die beiden Endprodukte immer dieselben Energien, ein besonders einfaches diskretes Energiespektrum. Diese Konsequenz der Energie-Impuls-Erhaltung wurde auch sofort für $\alpha$-Zerfälle experimentell bestätigt und anfangs scheinbar auch für $\beta$-Zerfälle.

Im Herbst 1913 kommt James Chadwick, ein junger Mitarbeiter von Rutherford, mit einem Stipendium zu Hans Geiger an die Physikalisch-Technische Reichsanstalt in Berlin. Geiger war 1912 nach Deutschland zurückgekehrt, nachdem er mit seinem Studenten Ernest Marsden in Manchester wegweisende Streuexperimente mit $\alpha$-Teilchen durchgeführt hatte, die zu Rutherfords Atommodell führten. Geiger schlug Chadwick vor, mit den Elektronen aus dem $\beta$-Zerfall analoge Streuexperimente durchzuführen. Zusätzlich zu den traditionellen fotografischen Nachweismethoden benutzte Chadwick zum ersten Mal auch ein Zählrohr, das von Geiger entwickelt worden war und seither seinen Namen trägt. Zu seiner großen Überraschung fand er mit dem Zählrohr aber fast keine Elektronen definierter Energie, obwohl sie fotografisch zu sehen waren. Nach sorgfältiger Überprüfung der Apparatur und Beseitigung möglicher Fehlerquellen kam Chadwick zu dem Schluss (Chadwicks 1914): „Aus allen diesen Versuchen geht hervor, daß die $\beta$-Strahlung aus einem kontinuierlichen Spektrum besteht, das von einem Linienspektrum überlagert ist." Mit anderen Worten, innerhalb gewisser Grenzen können die Elektronen der $\beta$-Strahlung beliebige Energien besitzen, also ein kontinuierliches Spektrum. Mit Ausnahme von Rutherford, der die Qualitäten seines ehemaligen Studenten als Experimentator richtig einzuschätzen wusste, nahmen die meisten anderen Experten Chadwicks Arbeit, die kurz vor Beginn des Ersten Weltkriegs publiziert wurde, nicht ernst.

In den restlichen Jahren der zweiten Dekade des 20. Jahrhunderts gab es keine weiteren Untersuchungen auf dem Gebiet des Betazerfalls. Die Wissenschaftler hatten in dieser Zeit andere Sorgen, als das Rätsel des Elektronspektrums im Betazerfall zu lösen. Chadwick hatte es außerdem versäumt, rechtzeitig vor Ausbruch des Ersten Weltkriegs im Juli 1914 nach England zurückzukehren. Zusammen mit vielen anderen vorwiegend britischen Staatsbürgern wurde er im sogenannten Engländerlager in der Nähe von Spandau bis zum Ende des Krieges interniert. Unter seinen Leidensgenossen befand sich auch ein junger Kadett names Charles Ellis. Nach dem Krieg hängte er seine militärische Karriere an den Nagel und begann, nicht zuletzt unter dem Einfluss Chadwicks, in Cambridge Physik zu studieren. Dort fiel er sehr bald auch Rutherford auf, der inzwischen von Manchester nach Cambridge übersiedelt war.

Im Lauf der Zwanzigerjahre des vorigen Jahrhunderts wurde Ellis zu einem führenden Experten auf dem Gebiet des $\beta$-Zerfalls (Ecker 2022). Anfangs gemeinsam mit Chadwick bestätigte er in mehreren Arbeiten das kontinuierliche Spektrum der $\beta$-Elektronen. Seine wichtigste Gegenspielerin war Lise Meitner in Berlin, die das „scheinbare" kontinuierliche Spektrum sekundären Effekten (z. B. Streuung) zuschrieb und auf dem diskreten Spektrum der Primärelektronen beharrte. Die gebürtige Wienerin Meitner hatte noch in Wien Vorlesungen von Boltzmann und später in Berlin von Planck gehört. Möglicherweise war ihre theoretische Ausbildung zu gut, um bei einem Zwei-Körper-Zerfall ein kontinuierliches Spektrum akzeptieren zu können.

Wolfgang Pauli verfolgte die Diskussion um das $\beta$-Spektrum sehr aufmerksam. In einem Brief an C.S. Wu (Pauli 2005) kurz vor seinem Tod erinnert er sich an eine Unterredung mit Lise Meitner, die um 1926 stattgefunden haben muss[5]: „Nach vergeblichen Versuchen eines diplomatischen Gesprächs mit Lise Meitner gestand ich ihr schließlich: Ich glaube, Ellis hat recht. Sie bekam einen roten Kopf und wir hatten eine lange Diskussion." Im Jahre 1927 war es dann so weit. Durch eine sorgfältige Untersuchung der Wärmeentwicklung der beim Zerfall freigesetzten $\beta$-Strahlen gelang Ellis und Wooster (Ellis und Wooster 1927) der endgültige Beweis des kontinuierlichen Spektrums. Auch Lise Meitner war von dem Ergebnis beeindruckt. In einem Folgeexperiment, das von Pauli wegen seiner Präzision und Klarheit besonders gelobt wurde, bestätigten Meitner und Orthmann das englische Resultat in vollem Umfang (Meitner und Orthmann 1930).

Erst jetzt, im Dezember 1930, durchschlägt Pauli den Gordischen Knoten in seinem berühmten Offenen Brief (Pauli 1985), den Lise Meitner der „Gruppe der Radioaktiven bei der Gauvereinstagung in Tübingen" überbrachte. Als „verzweifelten Ausweg" schlägt er vor, dass „elektrisch neutrale Teilchen, die ich Neutronen nennen will, in den Kernen existieren, welche den Spin 1/2 haben und das Ausschließungsprinzip befolgen." Mit anderen Worten, der $\beta$-Zerfall ist tatsächlich ein Drei-Körper-Zerfall,

- $\beta$-Zerfall
  Mutterkern $\longrightarrow$ Tochterkern $+ e^- + \overline{\nu_e}$

in der heutigen Notation[6].

Damit war nicht nur das Rätsel des kontinuierlichen Spektrums gelöst (Drei-Körper-Zerfall!), sondern auch die Drehimpulserhaltung und ein Problem des Zusammenhangs von Spin und Statistik (für eine ausführliche Diskussion siehe

---

[5] Deutsche Übersetzung des englischen Originals durch den Autor.
[6] Paulis Neutronen wurden nach der Entdeckung des Neutrons 1932 durch Chadwick auf Vorschlag Fermis in Neutrinos umgetauft.

Ecker 2022). Aus heutiger Sicht ist es schwer verständlich, warum Pauli seine Idee zunächst nicht publizierte (erst 1933 erlaubte er die Publikation) und diese Idee auch nicht gleich allgemein akzeptiert wurde. In seinem Tagebuch vermerkt Pauli sogar: „Ich habe heute etwas Böses getan: Ich habe ein Teilchen vorgeschlagen, das nicht nachgewiesen werden kann. Das ist eigentlich etwas, was ein Theoretiker niemals tun sollte." Wie ungewöhnlich es damals war, ein neues Teilchen für die Lösung eines Problems vorzuschlagen, sieht man auch daran, dass in den frühen Dreißigerjahren des vorigen Jahrhunderts eine andere Erklärung Bohrs für das kontinuierliche $\beta$-Spektrum dominierte. Bohr vermutete, dass im Nuklearbereich die Energieerhaltung für ein einzelnes Ereignis verletzt sein könnte und nur im statistischen Mittel gelten würde, was für Pauli völlig inakzeptabel war (s. auch den folgenden Abschnitt).

Die Entdeckung des Neutrons durch Chadwick 1932 änderte die Situation grundlegend. Im Jahr darauf schlugen sowohl Francis Perrin als auch Enrico Fermi vor, dass Neutrino und Elektron nicht von vornherein im Kern existieren, sondern erst im $\beta$-Zerfall freigesetzt werden:

$$n \to p + e^- + \overline{\nu_e} \quad (2.3)$$

in der heutigen Notation. Fermi war noch einen Schritt weiter gegangen als Perrin und hatte Ende 1933 eine vorhersagekräftige Quantenfeldtheorie des $\beta$-Zerfalls konstruiert (Fermi 1934), die von Weisskopf als „the first example of modern field theory" bezeichnet wurde. Heute verstehen wir diese Theorie als effektive Quantenfeldtheorie eines Teils des Standardmodells bei niedrigen Energien. Obwohl diese sogenannte Vier-Fermi-Theorie sofort ein durchschlagender Erfolg war, gab es in der zweiten Hälfte der Dreißigerjahre einige Experimente, die einen mit der Fermi-Theorie nicht verträglichen Überschuss an Elektronen niedriger Energien zu finden schienen. Erst in den frühen 1940ern zeigte sich, dass diese frühen Experimente fehlerhaft gewesen waren, womit der Siegeszug der Fermi-Theorie nicht mehr aufzuhalten war. Bohr hatte allerdings schon 1936 eingestanden, dass der Erfolg der Fermi-Theorie die Neutrinohypothese Paulis eindrucksvoll bestätigte, womit sein radikaler Vorschlag der Verletzung der Energieerhaltung hinfällig war.

Der experimentelle Nachweis des Neutrinos erfolgte erst 1956 in einem Reaktor-Experiment (Cowan, Reines et al. 1956). Auf das Telegramm der Autoren Cowan und Reines im Juni 1956 antwortete Pauli mit einem chinesischen Sprichwort: „Everything comes to him who knows how to wait." Hätte Pauli länger gelebt, wäre ihm der zweite Nobelpreis sicher gewesen. Der Nobelpreis ging daher 1995 nur an Fred Reines, da auch Clyde Cowan in der Zwischenzeit verstorben war.

Heute kennen wir drei verschiedene Neutrinos, die den drei geladenen Leptonen Elektron, Myon und Tau-Lepton entsprechen. Nachdem lange Zeit angenommen wurde, dass alle drei Neutrinos masselos sind, wissen wir heute, dass zumindest zwei dieser Neutrinos Masse besitzen[7]. Die tatsächlichen Massen sind nach wie vor nicht bekannt, aber Untersuchungsgegenstand von Präzisionsexperimenten. Die Neutrinophysik ist heute ein wesentlicher Teil der aktuellen Teilchenphysik und könnte Aufschluss geben über mögliche Erweiterungen des Standardmodells der fundamentalen Wechselwirkungen.

## 2.4 Symmetrien

Unter einer Symmetrie hat wohl jeder Mensch gewisse Vorstellungen, von antiken griechischen Statuen bis zu Schneekristallen. In der Physik hat dieser Begriff eine abstraktere Bedeutung. Im 19. Jahrhundert entwickelte sich die moderne Sicht von Symmetrien als Gruppe von Raum-Zeit-Transformationen, die die Newton'schen Bewegungsgleichungen unverändert lassen. Im letzten Satz ist die Bezeichnung „Gruppe" wesentlich. Symmetrietransformationen bilden eine Gruppe im Sinne der Mathematik, wobei die wesentliche Eigenschaft einer Symmetriegruppe ist, dass das Resultat zweier aufeinanderfolgender Transformationen wieder eine Symmetrietransformation ist. Ein einfaches Beispiel sind die räumlichen Verschiebungen (Translationen). Zwei aufeinanderfolgende Translationen können durch eine einzige ersetzt werden.

Nach einem Theorem der deutschen Mathematikerin Emmy Noether (Noether 1918) entspricht jeder Symmetrie eine Erhaltungsgröße. In der klassischen Physik gilt das nur für kontinuierliche Symmetrietransformationen, das sind grob gesprochen solche, die man sich aus (beliebig) vielen (entsprechend) kleinen Transformationen zusammengesetzt denken kann. Als Beispiel können wieder die erwähnten räumlichen Translationen dienen. Die Newton'sche Mechanik kennt zehn unabhängige Symmetrien, die gemäß dem Noether-Theorem zehn Erhaltungsgrößen entsprechen, darunter die Erhaltung von Energie und Impuls.

Der Zusammenhang zwischen Symmetrien und Erhaltungsgrößen gilt auch in der Quantentheorie, allerdings ergeben sich hier zwei neue Aspekte.

---

[7] Genauer gesagt, sind die massiven Neutrinos quantentheoretische Überlagerungen der Elektron-, Myon- und Tau-Neutrinos.

i. Auch diskrete Symmetrietransformationen können zu Erhaltungsgrößen führen. Ein wichtiges Beispiel ist die Raumspiegelung oder Paritätstransformation $\vec{r} \to -\vec{r}$ (Zeit bleibt ungeändert). In der Quantenmechanik gibt es deshalb einen Symmetrieoperator P (P für Parität), dessen Eigenwerte nur die Werte $\pm 1$ annehmen können, da zweimalige Anwendung von P wieder zum ursprünglichen Zustand zurückführt. Eine Konsequenz besteht etwa darin, dass man atomare Energieniveaus dadurch charakterisieren kann, ob sie Zuständen positiver oder negativer Parität entsprechen.

ii. Bei manchen Symmetrietransformationen kommt es auf die Reihenfolge an. Wenn man etwa Drehungen um zwei verschiedene Achsen hintereinander ausführt, hängt das Ergebnis von der Reihenfolge der Drehungen ab. Man nennt die entsprechenden Symmetriegruppen wie die Drehgruppe nicht-abelsche Gruppen. Die Existenz nicht-abelscher Symmetriegruppen führt in der Quantentheorie zu einem Phänomen, das die klassische Physik nicht kennt, nämlich die sogenannte Entartung von Energieniveaus. Dieses Phänomen lässt sich wieder anhand der Drehgruppe erklären. Wenn das betreffende System, am einfachsten ein Atom, bei Drehungen ungeändert bleibt (Rotationsinvarianz), so entspricht jedem Energieniveau ein bestimmter Gesamtdrehimpuls $J$, der sich im Allgemeinen aus Bahndrehimpuls und Spin zusammensetzt. Die zugehörige magnetische Quantenzahl $J_3$ kann $2J+1$ Werte $-J, -J+1, \ldots, J-1, J$ annehmen, und das zugehörige Energieniveau besteht tatsächlich nicht aus einem, sondern aus $2J+1$ Zuständen mit derselben Energie (Entartung). Im Experiment sind diese Zustände allerdings zunächst nicht unterscheidbar. Wenn man aber etwa ein homogenes Magnetfeld anlegt, das in eine bestimmte Richtung zeigt, ist das System nicht mehr drehinvariant, weil das Magnetfeld eine bestimmte Richtung auszeichnet. Tatsächlich spaltet das Niveau in diesem Fall in $2J+1$ äquidistante Niveaus auf. Diese Aufspaltung nennt man Zeeman-Effekt, der uns bereits untergekommen ist. Damit ist auch die Erkenntnis verbunden, dass – wie hier durch ein Magnetfeld – leicht gebrochene Symmetrien im Spektrum oft besser zu erkennen sind als exakte Symmetrien.

Für Pauli waren Symmetrien nicht nur ein interessanter Aspekt, sondern ein ganz entscheidender Bestandteil einer physikalischen Theorie. Er war bereits in seiner Studienzeit mit dem Noether-Theorem in Berührung gekommen, das er etwa in seinem Enzyklopädieartikel über die ART (Pauli 1921) zitierte. Mit dieser Betonung von Symmetrien war er seiner Zeit voraus. Jahrzehnte später charakterisierte der Nobelpreisträger Murray Gell-Mann die Quantenchromodynamik, die Eichtheorie der starken Wechselwirkung, mit den Worten „It's all symmetries!" (siehe Ecker 2017), was Pauli sicher unterstützt hätte.

## 2.4 Symmetrien

Pauli hatte daher keinerlei Verständnis für Versuche, Symmetrien zu modifizieren. Ein erster Konflikt ergab sich noch vor der Debatte über das Elektronspektrum im Beta-Zerfall (s. Abschn. 2.3) mit Niels Bohr, der vermutete, dass Energie- und Impulserhaltung im atomaren und nuklearen Bereich verletzt sein könnten und nur im statistischen Mittel gelten würden. Pauli wies darauf hin, dass genaue Analysen der Compton-Streuung (elastische Streuung $\gamma + e^- \to \gamma + e^-$) zeigten, dass Energie- und Impulserhaltung uneingeschränkt gelten. Auch sah er keinerlei Erklärung für eine nur statistische Energieerhaltung, wenn schon einzelne Ereignisse die Energieerhaltung verletzen.

Bohr ließ sich durch diese Argumente nicht entmutigen. Im Juli 1929 schickte er Pauli mit der Bitte um Kommentare den Entwurf einer Arbeit, in der er über die mögliche Relevanz der statistischen Energieerhaltung für die Energieerzeugung in Sternen spekulierte. Paulis Replik war wie erwartet: „In any case let this note rest for a good long time and let the stars shine in peace!" Daraufhin verzichtete Bohr auf die Publikation seines Artikels. Bohrs letzlich vergeblicher Versuch, mit seinem Ansatz der statistischen Energieerhaltung in Kernen das Elektronspektrum im Beta-Zerfall zu erklären, wurde bereits in Abschn. 2.3 besprochen.

Wie in Abschn. 2.1 erwähnt, war Pauli mit seinem Ausschließungsprinzip nicht völlig zufrieden. Im Rahmen der Quantenmechanik gab es zwei verschiedene Typen von identischen Teilchen, die sich in den Eigenschaften von Wellenfunktionen zweier solcher Teilchen unterscheiden. Für Teilchen, die der Bose-Einstein-Statistik genügen und daher Bosonen genannt werden, ist die Wellenfunktion zweier solcher Teilchen symmetrisch bei Vertauschung von Orts- und Spinkoordinaten:

$$\psi(\vec{r}_2, s_2; \vec{r}_1, s_1) = \psi(\vec{r}_1, s_1; \vec{r}_2, s_2) \, . \tag{2.4}$$

Diese Symmetrieeigenschaft kann nicht für alle Teilchen gelten, denn sie widerspricht dem Ausschließungsprinzip. Unabhängig voneinander schlugen Enrico Fermi und Paul Dirac daher eine alternative Statistik vor, die als Fermi-Dirac-Statistik bezeichnet wird. Teilchen mit dieser Symmetrieeigenschaft werden als Fermionen bezeichnet, mit dem Elektron als bekanntestes Beispiel. In diesem Fall gilt:

$$\psi(\vec{r}_2, s_2; \vec{r}_1, s_1) = -\psi(\vec{r}_1, s_1; \vec{r}_2, s_2) \, . \tag{2.5}$$

Diese Teilchen erfüllen das Ausschließungsprinzip: Wenn beide Fermionen gleiche Orts- und Spinkoordinaten haben ($\vec{r}_1 = \vec{r}_2 = \vec{r}$ und $s_1 = s_2 = s$), bleibt der Wellenfunktion nichts anderes übrig als identisch Null zu sein: Zwei Fermionen mit denselben Quantenzahlen können nicht im gleichen Zustand sein.

Zwei Fragen blieben offen, die nicht im Rahmen der Quantenmechanik beantwortet werden konnten: Kann die Theorie eine Erklärung liefern, welche Teilchen Bosonen und welche Fermionen sind? Gibt es weitere Möglichkeiten, oder umfassen Bose-Einstein- und Fermi-Dirac-Statistiken alle Teilchen? Zwar waren auch im Rahmen der Quantenfeldtheorie keine anderen Statistiken bekannt. Trotzdem dauerte es noch mehrere Jahre bis zum endgültigen Beweis des Spin-Statistik-Theorems, das die empirischen Befunde erklären konnte. Nach Vorarbeiten mit Markus Fierz bewies Pauli nur auf Grundlage einer relativistischen Quantenfeldtheorie, dass alle Teilchen entweder Bosonen oder Fermionen sind (Pauli 1940). Ausschlaggebend für die Statistik ist der Spin des Teilchens: Teilchen mit ganzzahligem Spin wie das Photon sind Bosonen, solche mit halbzahligem Spin wie das Elektron sind Fermionen. Diese Aussage gilt nicht nur für fundamentale Teilchen, sondern auch für Bindungszustände (z. B. Atomkerne). Das Spin-Statistik-Theorem ist ein Eckpfeiler der Quantenfeldtheorie und damit des Standardmodells. Alle experimentellen Befunde der letzten 85 Jahre sind damit im Einklang.

In der Teilchenphysik spielen noch zwei weitere diskrete Transformationen eine Rolle. Schon die Newton'schen Bewegungsgleichungen bleiben ungeändert, wenn man die Zeit $t$ in $-t$ übergehen lässt und wenn das Potenzial nur von den Ortskoordinaten abhängt, also zeitunabhängig ist. Das bedeutet, dass jede Lösung der Newton'schen Gleichungen wieder eine Lösung derselben Bewegungsgleichungen ergibt, wenn man das Vorzeichen der Zeitkoordinate umdreht. Man spricht daher von Zeitumkehr oder besser von Bewegungsumkehr. In der Quantenfeldtheorie ist mit dieser Symmetrietransformation ein Zeitumkehr-Operator T verbunden. Zum Unterschied von der Parität können diesem Operator allerdings keine Eigenwerte zugeschrieben werden, sondern T impliziert Relationen zwischen Prozessen, bei denen Anfangs- und Endzustand vertauscht werden.

Die bisher betrachteten Symmetrietransformationen sind alle Raum-Zeit-Transformationen. In der Teilchenphysik ist noch eine weitere diskrete Transformation von Bedeutung, die Teilchen und Antiteilchen vertauscht, aber die Raum-Zeit-Koordinaten ungeändert lässt. Diese Transformation wird als Ladungskonjugation C bezeichnet. Obwohl in der ersten Hälfte des vorigen Jahrhunderts P, T und C separat als Symmetrien angesehen wurden, lässt sich im Rahmen der relativistischen Quantenfeldtheorie ein allgemeines Theorem beweisen, das einen zum Spin-Statistik-Theorem analogen Status hat. Das CPT-Theorem wurde unabhängig von Wolfgang Pauli (Pauli 1955), Gerhard Lüders, John Bell und Bruno Zumino bewiesen. Es besagt, dass jede lorentzinvariante Quantenfeldtheorie unter der kombinierten Transformation CPT invariant ist, unabhängig von der Gültigkeit der separaten Transformationen. Sowohl das Spin-Statistik-Theorem als auch das CPT-Theorem

## 2.4 Symmetrien

sind bis heute Grundpfeiler des Standardmodells der fundamentalen Wechselwirkungen. Für Pauli und die meisten seiner Kollegen blieben C, P und T allerdings weiterhin separate Symmetrien. Als die späteren Nobelpreisträger T.D. Lee und C.N. Yang im Jahr 1956 vorschlugen, dass die Paritätsinvarianz der schwachen Wechselwirkungen experimentell überprüft werden sollte, reagierte Pauli wie erwartet: „Gott ist doch kein schwacher Linkshänder!" Er war nicht der Einzige, der überrascht war, als 1957 drei verschiedene Experimente die Paritätsverletzung bestätigten. Die Vier-Fermi-Theorie der schwachen Wechselwirkungen, die so wie die Quantenelektrodynamik eine reine Vektor-Theorie war, wurde zur V(ektor) - A(xialvektor)-Theorie, die bis zur elektroschwachen Eichtheorie gültig blieb. In dieser Theorie war die Parität sogar maximal verletzt, aber die kombinierte CP-Transformation war weiterhin eine Symmetrie. Die Natur schien sich auch daran zu halten, bis 1964 in Zerfällen der neutralen $K$-Mesonen eine kleine Verletzung der CP-Symmetrie beobachtet wurde, später auch in anderen Zerfällen. Pauli blieb dieser Schock erspart, der übrigens wegen des CPT-Theorems implizierte, dass auch die T-Invarianz verletzt ist. Dies konnte erst 1999 in einem Experiment am CERN nachgewiesen werden.

# Pauli und seine Zeitgenossen 3

Wolfgang Pauli war zweifellos einer der bedeutendsten Physiker der ersten Hälfte des vorigen Jahrhunderts. Max Born, der sowohl Pauli als auch Einstein sehr gut kannte, meinte über Pauli (Born und Einstein 1972): „Denn ich wußte seit der Zeit, da er mein Assistent in Göttingen war, daß er ein Genie war, nur vergleichbar mit Einstein selbst, ja daß er rein wissenschaftlich vielleicht noch größer war als Einstein, wenn auch ein ganz anderer Menschentyp, der in meinen Augen Einsteins Größe nicht erreichte." Obwohl er unter Physikern, genauer gesagt unter Teilchenphysikern, noch immer höchstes Ansehen genießt, ist Pauli in der Öffentlichkeit doch deutlich weniger präsent als etwa Einstein, Heisenberg oder Schrödinger. Dass er offenbar ein Tierfreund war, der seine Katze nicht in einen geschlossenen Kasten sperrte, um sie Kernzerfällen auszusetzen, kann nicht der Grund dafür sein. Allerdings hat Pauli zum Unterschied von den vorher Genannten keine populären Darstellungen seines Fachgebiets verfasst. Er war bis kurz vor seinem (frühen!) Tod an vorderster Front in der Forschung tätig und hat offenbar allgemein verständlichen Darstellungen keine große Bedeutung zugemessen. Anders als in seinen wissenschaftlichen Arbeiten und Briefen war er auch kein großer Vortragender. In seinen Vorlesungen zog er sich öfters auf die von Studenten wenig geschätzte Behauptung zurück, dass das eben Dargestellte trivial sei. Als ein Student einmal wagte, dieser Behauptung zu widersprechen, soll Pauli für einige Minuten den Hörsaal verlassen haben, um bei der Rückkehr einfach zu erklären: „Es ist doch trivial!"

In einer Umfrage der Zeitschrift PhysicsWorld unter 130 Physikern im Jahr 1999 nach den bedeutendsten Physikern aller Zeiten finden sich unter den zehn Meistgenannten (neben Newton, Galilei, Feynman und anderen) zwar mit Einstein, Heisenberg und Schrödinger alle drei oben Genannten, nicht aber Pauli. Obwohl man solchen Umfragen keine allzu große Bedeutung beimessen sollte, haben sie doch ihre Aussagekraft.

Eine Biografie Paulis wäre unvollständig ohne seine verschiedenen, oft ungewöhnlichen Kontakte mit seinen Kollegen. Das betrifft einerseits den sogenannten Pauli-Effekt, den sein Freund George Gamow als zweites Pauli'sches Ausschließungsprinzip bezeichnete: „Es ist unmöglich, daß sich Wolfgang Pauli und ein funktionierendes Gerät im gleichen Raum befinden." Andererseits war er bekannt für seinen unkonventionellen Umgang mit Postdoktoranden, Assistenten, aber auch arrivierten Kollegen, der ihm nicht nur die Bezeichnung „Gewissen der Physik", sondern gelegentlich auch „Geißel der Physik" einbrachte. Weniger bekannt ist sein Einsatz für Kollegen, die in der Zeit von Nazi- und Stalinterror in Gefahr gerieten. Diese relativ unbekannten Aktivitäten Paulis beschließen das letzte Kapitel.

## 3.1 Pauli-Effekt

Wolfgang Pauli war zwar ein begnadeter Theoretiker, aber er hatte auch zwei linke Hände. Er benötigte ungefähr 100 Fahrstunden, um seinen Führerschein zu bekommen, bezeichnete sich aber trotzdem manchmal als guten Autofahrer. Schon in Hamburg erteilte ihm sein Freund Otto Stern Laborverbot. Pauli holte Stern oft zum Mittagessen ab, durfte das Labor dabei aber nicht betreten. Der Pauli-Effekt war nicht zuletzt auf den ausgeprägten Aberglauben der Experimentatoren jener Zeit zurückzuführen. Stern berichtet von einem Kollegen, der seiner Apparatur jeden Tag eine Blume brachte, um sie gnädig zu stimmen (Enz 2002). Er selbst hatte einige Zeit einen Holzhammer neben seinem Experiment liegen. Als der Hammer einmal verschwand, funktionierte angeblich auch Sterns Apparatur nicht mehr. Erst als der Hammer wieder auftauchte, habe das Experiment wieder funktioniert.

Zum ersten Mal in der größeren Öffentlichkeit dürfte der Pauli-Effekt 1929 während der DPG-Tagung in Freiburg aufgetreten sein. Als während einer Sitzung der Diaprojektor ausfiel, stand Pauli voller Stolz auf, um den Pauli-Effekt anzudeuten. Pauli pflegte seinen Nimbus und bestand darauf, dass es keine Zufallsereignisse wären, war aber auch verunsichert. Er wandte sich daher an C.G. Jung mit der Bitte um Interpretation. Die Phänomene treten, so Pauli in einem Brief an C.G. Jung, vor allem auf, wenn sich Gegensatzpaare ausbalancieren. Jung bezeichnete den Effekt als Synchronizitätsphänomen und Pauli war damit offenbar zufrieden. Die Meinung seiner Ehefrau Franca ist nicht überliefert, sie war aber wahrscheinlich weniger beeindruckt (s. Kap. 1).

Pauli bestand wie gesagt auf der Realität des Effekts. Bekannt wurde ein Vorfall im Labor von James Franck in Göttingen, bei dem ein wertvoller und empfindlicher Apparateteil zu Bruch ging, während Pauli nicht anwesend war. Franck teilte dies Pauli mit, verknüpft mit dem Scherz, diesmal wenigstens treffe Pauli keinerlei Schuld an dem Vorfall. Dieser entgegnete jedoch, er habe zur fraglichen Zeit im Zug nach Kopenhagen einen kurzen Aufenthalt in Göttingen gehabt. Während seines Aufenthalts in Princeton 1950 geriet das dortige Zyklotron in Brand, was Pauli ebenfalls mit dem Effekt in Zusammenhang brachte.

Der Effekt trat bis kurz vor Paulis Tod auf. Die Universität Bern veranstaltete 1955 eine Konferenz zu Ehren Einsteins, der allerdings kurz vor der Konferenz verstarb. Pauli war als Ehrengast geladen. Walter Thirring war damals Privatdozent in Bern und war für den klaglosen Ablauf der Tagung mit verantwortlich. Die Vorträge fanden im Museum der Stadt Bern statt. Zur Sicherheit fragte Thirring vor der Tagung, ob Reservelampen für den Projektor vorhanden seien (Thirring 2008). Er bekam die entrüstete Antwort, der Projektor sei schon 80 Jahre in Betrieb und es hätte nie einen Grund zur Klage gegeben. Beim Hauptvortrag des Astronomen Baade nahm Pauli in der Nähe des Projektors Platz. Der Vortrag strebte seinem Höhepunkt zu, als es einen Blitz gab und dann tiefste Finsternis. In die Stille hinein erschallte das hämische Lachen Paulis.

## 3.2 Anekdoten

Pauli war bekannt, um nicht zu sagen berüchtigt für seine Sprüche, die oft knapp an einer Beleidigung vorbeischrammten. Erstaunlicherweise nahm ihm dies offenbar kaum jemand übel, zumindest unter den bekannten Physikern. Wie viele Studierende deswegen ihr Physikstudium abbrachen, ist nicht überliefert. Pauli hatte die Begabung für seine markanten Sprüche wahrscheinlich schon mit der Muttermilch aufgesogen, denn in Wien hört oder liest man gelegentlich: „Für einen guten Sager würde er seine eigene Großmutter verkaufen." Hier sind einige seiner Sprüche, die er zumindest gesagt haben könnte[1].

- Your remarks are like fireworks:
  very noisy, but not very illuminating.
- Das ist nicht nur nicht richtig, das ist nicht einmal falsch.
- Zu einem Kollegen, der ein einfaches Modell vorgeschlagen hatte:
  Einfach ist es schon, aber auch falsch.
- Der Peierls, der spricht so schnell; bis man verstanden hat, was er sagt, behauptet er schon das Gegenteil.

---

[1] Teilweise aus Telegdi: Pauli-Anekdoten in Pauli (1988)

- I do not mind if you think slowly, but I do object if you publish more quickly than you think.
- Über einen jüngeren wenig erfolgreichen Physiker: was, so jung und schon unbekannt.
- Über sich selbst in späteren Jahren: Ja, das Wunderkind – das Wunder vergeht und das Kind bleibt.
- Als Physiker kann man davon ausgehen, daß ein Elektron wie das andere ist, während Sozialwissenschaftler auf diesen Luxus verzichten müssen.
- Das Beste, was die meisten von uns in der Physik erreichen können, ist Unverständnis auf einer tieferen Ebene.

## 3.3 Die vielen Facetten des Wolfgang Pauli

Dass man eine dicke Haut brauchte, um mit Paulis Kommentaren umgehen zu können, zeigt Weisskopfs Antrittsbesuch als Paulis neuer Assistent im Jahre 1933 (in Pauli 1988): Ich kam nach Zürich und ging dort zu seinem Zimmer im alten Institut. Eine große Tür, wie man sie heute nicht mehr macht, führt in ein großes Zimmer, und dort klopfe ich an – keine Antwort. Ich klopfe noch einmal an – keine Antwort. Dann höre ich ganz leise: „Wer ist denn da, wer ist denn da?" Wie ich die Tür aufmache, sehe ich am anderen Ende beim Fenster den Schreibtisch. Dort sitzt Pauli und sagt: „Warten, warten, warten, erst muß ich x-en." Und so warte ich also fünf Minuten, dann dreht er sich um und fragt: „Wer sind Sie?" Ich sage: „Ja, ich bin der Weisskopf." Darauf er: „So, so, ja, ja, ich habe Sie als Assistent hergeholt. Eigentlich wollte ich den Bethe nehmen." Dann hat er gesagt: „Ja, aber der Bethe, der arbeitet jetzt am festen Körper, und den festen Körper mag ich nicht, obwohl ich mit ihm angefangen habe." Dann hat er mir irgendein Problem zu lösen gegeben – ich habe schon vergessen, was es war. Nach einer Woche kam er zu mir und fragte: „Was haben Sie denn da gemacht?" Ich zeigte ihm, was ich gemacht hatte, er schaute es sich an und meinte nur: „Ich hätte doch den Bethe nehmen sollen!"

Später wurde Weisskopf gefragt, wie die Zusammenarbeit mit Pauli war. Sie sei absolut großartig gewesen, man konnte ihm jede Frage stellen und musste keine Angst haben, dass er die Frage für dumm halten würde, denn er hielt alle Fragen für dumm. Unkonventionell war auch ein Empfehlungsschreiben Paulis, um das Weisskopf ihn bat: „Dr. V. F. Weisskopf war in den Jahren 1934 bis 1935 bei mir als Assistent tätig. Es ist mir in dieser Zeit nichts Nachteiliges über ihn bekannt geworden."

## 3.3 Die vielen Facetten des Wolfgang Pauli

Fast 20 Jahre nach Weisskopf verbrachte Walter Thirring das akademische Jahr 1951/52 als Postdoc bei Pauli. In seiner Autobiografie (Thirring 2008) beschreibt Thirring eine Unterhaltung mit Pauli im Februar 1952. Pauli tritt ins Zimmer von Thirring: Herr Thirring, nächstes Wochenende macht die ETH ein Skiwochenende, wollen Sie da nicht mitkommen? T: Das wäre sicher sehr schön, Herr Professor, aber ich möchte doch die Arbeit hier fertig machen. P: Diese kleinen Bemerkungen, die Sie immer publizieren, können Sie auch auf der Skihütte zusammenschreiben.

Nach der Emeritierung seines Vaters 1957 ergab sich für Thirring die Möglichkeit, nach Wien zurückzukehren. Sowohl Pauli wie auch Schrödinger rieten ihm ab. Pauli: In Österreich herrscht ein unwissenschaftlicher Geist, Thirring würde keinen weiteren Beitrag zur internationalen Physik leisten können. Thirring: Pauli hatte das gestörte Verhältnis zu seinem Vater auf ganz Österreich ausgedehnt. Obwohl Pauli mit seiner Einschätzung Österreichs als geistige Einöde nicht ganz Unrecht hatte, hatte er letzten Endes doch Unrecht, was die weitere wissenschaftliche Tätigkeit Thirrings betraf.

Pauli machte bei seinen Bemerkungen keinen Unterschied zwischen jungen Postdocs, Assistenten und arrivierten Kollegen. Als Beispiel soll die Besprechung Paulis einer Arbeit von Einstein über den erneuten Versuch der Konstruktion einer vereinheitlichten Feldtheorie dienen (Pauli 1932): „Es ist schon eine kühne Tat der Redaktion, ein Referat über eine neue Feldtheorie Einsteins unter die Ergebnisse der exakten Naturwissenschaften aufzunehmen. Beschert uns doch seine nie versagende Erfindungsgabe sowie seine hartnäckige Energie beim Verfolgen eines bestimmten Zieles in letzter Zeit durchschnittlich etwa eine solche Theorie pro Jahr – wobei es psychologisch interessant ist, daß die jeweilige Theorie vom Autor gewöhnlich eine Zeitlang als die definitive Lösung betrachtet wird." Diese süffisante Rezension trübte das Verhältnis zwischen Einstein und Pauli zumindest längerfristig in keiner Weise. Wie in Kap. 1 erwähnt, schlug Einstein Pauli für den Nobelpreis vor und bezeichnete ihn als seinen legitimen Nachfolger.

Sowohl seine markanten Sprüche wie auch sein Umgang mit Kollegen könnten den Eindruck erwecken, dass Pauli kein angenehmer Zeitgenosse war. Tatsächlich war Pauli aber auch ein sehr hilfsbereiter Mensch, der sich besonders in der Zeit von Nazi- und Sowjetterror für seine gefährdeten Kollegen einsetzte. Allerdings hängte er seine diesbezüglichen Aktivitäten nicht an die große Glocke, sodass sie nicht allgemein bekannt sind. Anhand von zwei Beispielen soll diese weniger bekannte Facette Paulis in Erinnerung gerufen werden.

Guido Beck studierte ab 1921 Physik an der Universität Wien und promovierte 1925 bei Hans Thirring. Nach mehreren Stationen, unter anderem als Assistent von Heisenberg in Leipzig, musste er Deutschland nach der Machtübernahme der Nazis verlassen und wurde Professor an der Universität Odessa. Er erkannte rechtzeitig die Gefahren des Stalinterrors und emigrierte 1938 nach Frankreich, wo er zuletzt an der Universität Lyon tätig war, bevor er kurzfristig interniert wurde. Von dort schrieb er einen Brief an Pauli mit der Bitte um finanzielle Hilfe. Pauli organisierte nicht nur eine Sammlung für ihn in Zürich, sondern leitete Becks Brief auch an Born und Einstein weiter (Born und Einstein 1972). Die Aktion war offenbar erfolgreich. Beck wurde aus der Internierung entlassen und war dann bis 1943 in Portugal tätig. Von dort emigrierte er nach Argentinien und war in der Folge sowohl in Argentinien als auch in Brasilien federführend am Aufbau der universitären Ausbildung südamerikanischer Physiker beteiligt. In den frühen 1980ern besuchte er einige Male das Institut für Theoretische Physik der Universität Wien, wo ihn der Autor dieses Buches kennenlernen durfte.

Auch das nächste Beispiel für Paulis Hilfsbereitschaft hat einen Bezug zu Wien. Friedrich Georg Houtermans wurde 1903 im heutigen Polen geboren. Nach der Scheidung der Eltern übersiedelte er mit seiner Mutter nach Wien, wo er das Akademische Gymnasium besuchte. Seine Mutter stammte aus einer angesehenen Wiener Familie und hatte an der Universität Wien Chemie studiert. Sie war eine der ersten Frauen, die in diesem Fach an der Universität Wien promovierten. Das „Rote Wien" der Nachkriegszeit beeinflusste Houtermans bereits im Gymnasium. Als er als 16-Jähriger am 1. Mai eine Lesung des Kommunistischen Manifests veranstaltete, wurde er der Schule verwiesen. Seine Mutter schickte ihn in ein Internat in Thüringen, wo er auch sein Abitur machte. Dort festigte sich seine marxistische Weltanschauung und er wurde zumindest eine Zeitlang Mitglied der KPD. Pauli lernte ihn und seine zukünftige Frau Charlotte, geborene Riefenstahl, in Göttingen kennen, wo die beiden Physik studierten. Nach einer Konferenz in Odessa heirateten die beiden 1930 in Batumi, Georgien, wobei Pauli und Peierls Trauzeugen waren (Shifman 2017). Pauli blieb den beiden sein Leben lang freundschaftlich verbunden, obwohl er politisch völlig anderer Meinung war. Nach der Machtergreifung der Nazis verließ die Familie Houtermans Deutschland und emigrierte zunächst nach England. Ungeachtet wiederholter eindringlicher Warnungen Paulis nahm Houtermans 1935 eine Einladung der Universität Charkow an, damals ein Zentrum der modernen Physik in der Sowjetunion (Lev Landau!). Bald waren allerdings die Auswirkungen des stalinistischen Terrors nicht mehr zu übersehen und die Familie Houtermans versuchte mit inzwischen zwei Kindern das Land zu verlassen. Kurz vor Erledigung der Ausreiseformalitäten wurde Houtermans aber in Moskau verhaftet und in die Lubjanka, den Sitz des NKWD, verbracht.

Hier setzten nun die Aktivitäten Paulis ein, um einerseits Charlotte und ihren Kindern die Ausreise aus der Sowjetunion zu ermöglichen und andererseits die Freilassung von Houtermans zu erreichen. Nach einer abenteuerlichen Reise über das Baltikum konnte Charlotte mit ihren Kindern auf Intervention Paulis zunächst bei

## 3.3 Die vielen Facetten des Wolfgang Pauli

Niels Bohr in Kopenhagen Zuflucht finden. Die Versuche von Pauli und vielen anderen prominenten Physikern, auch von Albert Einstein, Auskunft über das Schicksal von Houtermans zu bekommen, blieben zwar erfolglos, zeigten aber insofern doch Wirkung, als Houtermans nicht wie so viele andere spurlos im Gulag verschwand. Houtermans kam erst nach dem Hitler-Stalin-Pakt frei und wurde im Mai 1940 an der Grenze in Brest-Litovsk der Gestapo übergeben. Auch jetzt setzten sich wieder hochrangige Physiker wie Max von Laue für ihn ein. Aufgrund seiner kernphysikalischen Expertise wurde er schließlich Mitarbeiter im Privatlabor von Manfred von Ardenne, wo er bis auf einige Monate bis Kriegsende blieb.

Aus Briefen Paulis, die erst vor einigen Jahren von den Kindern der Houtermans dem bekannten Physiker Mikhail Shifman übergeben wurden, werden seine Interventionen ersichtlich, für Charlotte Houtermans eine entsprechende Anstellung in den USA zu finden (Shifman 2017). Während des Krieges wurde die Ehe der Houtermans auf Betreiben von Friedrich automatisch aufgelöst, was Charlotte erst nach Kriegsende erfuhr. Friedrich hatte wieder geheiratet, ließ sich aber nach einem Wiedersehen mit Charlotte und den Kindern in Bern, seiner letzten Wirkungsstätte, noch einmal scheiden und heiratete Charlotte ein zweites Mal. Wieder war Pauli Trauzeuge, was ihn zu einem seiner typischen Kommentare veranlasste: „Nach der Houtermans-Statistik sind die ungeraden Ehefrauen identisch." Aber auch diese Ehe hielt nur wenige Monate. Charlotte kehrte in die USA zurück und Friedrich heiratete ein viertes und letztes Mal. Auf die physikalischen Errungenschaften von Friedrich Houtermans kann hier aus Platzgründen nicht eingegangen werden (siehe z. B. Hoffmann 2014).

Im Gegensatz etwa zu Einstein, der bis an sein Lebensende mit dem Land der Massenmörder nichts zu tun haben wollte (Born und Einstein 1972), zeigte Pauli auch für manche ehemalige Nationalsozialisten Verständnis. Pascual Jordan etwa war ein überzeugter Nationalsozialist gewesen. Schon 1933 trat er der NSDAP und der SA bei. Allerdings lehnte er die „Deutsche Physik" ab und würdigte auch während der Nazizeit die Leistungen jüdischer Physiker. Nach seiner Entnazifizierung 1947 wollte man in Hamburg für Jordan eine Stelle schaffen, für die er Pauli um ein Empfehlungsschreiben bat. Jordan hatte allerdings im Krieg eine Vortragssammlung herausgegeben, in der es unter anderem hieß: „Die Ambitionen eines Gelehrten sollten nicht auf Lehrstühle gerichtet sein, sondern darauf, das Blut im Niemandsland zwischen Stacheldrahtverhauen zu vergießen." Pauli antwortete, er wolle ihm wohl ein Zeugnis ausstellen, nur müsse Jordan ihm versprechen, zukünftig seine Ambitionen auf Lehrstühle zu beschränken. Auf Paulis Empfehlung erhielt Jordan eine Gastprofessur in Hamburg und wurde 1953 Ordinarius.

Paulis langjähriger Freund Oskar Klein verfasste einen Nachruf auf ihn, in dem es unter anderem heißt (Pauli 1988): „Er war allmählich zu einer Art Institution gewor-

**Abb. 3.1** Franca und Wolfgang Pauli. (©CERN, Geneva. All Rights Reserved)

den, der man seine Einfälle vorlegte, ohne ausweichende Höflichkeit befürchten zu müssen. Es geschah wohl, daß er mit seiner Kritik den einen oder anderen jungen, schüchternen Physiker zum Verlassen einer unfertigen aber fruchtbaren Idee bewog. Aber selbst wollte er keineswegs als unfehlbare Autorität betrachtet werden, sondern nur seine Freiheit bewahren, das zu meinen, was er meinte, und es zu sagen …Auch wenn Paulis Unabhängigkeit und Ehrlichkeit manchmal etwas gewaltsamen Ausdruck annahmen, so trugen dieselben Eigenschaften zu dem Gefühl von Sicherheit bei, das er seinen Freunden einflößte."

Das letzte Wort gehört Paulis Witwe Franca (Abb. 3.1): „Er war leicht verletzlich und verbarg sich daher hinter einem Vorhang. Er versuchte zu leben, ohne die Realität zuzugeben. Und seine Weltfremdheit entsprang genau seinem Glauben, daß dies möglich wäre."(Shifman 2017)

# Was Sie aus diesem *essential* mitnehmen können

- Wolfgang Pauli war einer der einflussreichsten Physiker der ersten Hälfte des 20. Jahrhunderts. Albert Einstein bezeichnete ihn als seinen legitimen Nachfolger.

- Seine wissenschaftlichen Beiträge sind nicht nur in Publikationen, sondern auch in mehr als 2000 Briefen an seine Kollegen enthalten.

- Paulis Neutrinohypothese wurde erst 26 Jahre später experimentell bestätigt. Die Neutrinophysik ist heute ein wesentlicher Bestandteil der aktuellen Teilchenphysik. Sie könnte Hinweise für eine Erweiterung des Standardmodells der fundamentalen Wechselwirkungen geben.

- Paulis komplexe Beziehung zu Wien und Österreich – er suchte nach 1945 nicht mehr um die Erneuerung der Staatsbürgerschaft an – hat dazu beigetragen, dass er heute in Österreich weniger präsent ist als etwa Erwin Schrödinger.

# Literatur

Born M., Heisenberg W., 1923. Die Elektronenbahnen im angeregten Heliumatom. Z. Phys. 16, 229.
Born M., Heisenberg W., Jordan P., 1925. Zur Quantenmechanik II. Z. Phys. 35, 557.
Chadwick J., 1914. Intensitätsverteilung im magnetischen Spektrum der $\beta$-Strahlen von Radium B + C. Verhandlungen Deutsche Phys. Ges. 16, 383.
Cowan C.L., Reines F. et al., 1956. Detection of the free neutrino: a confirmation. Science 124, 103.
Demtröder W., 2010. Experimentalphysik 3: Atome, Moleküle und Festkörper. Berlin: Springer Spektrum.
Ecker G., 2017. Teilchen, Felder, Quanten: Von der Quantenmechanik zum Standardmodell der Teilchenphysik. Berlin: Springer Spektrum.
Ecker G., 2022. Wegbereiter der subatomaren Physik: James Chadwick und Charles D. Ellis. Berlin: Springer Spektrum.
Einstein A., 1922. Besprechung von Pauli, W. jun., Relativitätstheorie. Naturwissenschaften 10, 184.
Einstein A., Born M., 1972. Briefwechsel 1916–1955. Hamburg: Rowohlt Taschenbuch Verlag.
Ellis C.D., Wooster W.A., 1927. The continuous spectrum of $\beta$-rays. Nature 119, 563.
Enz C.P., 2002. No time to be brief. Oxford: University Press.
Fermi E., 1934. Versuch einer Theorie der $\beta$-Strahlen. Z. Phys. 88, 161.
Fischer E.P., 2020. Davon glaube ich kein Wort. https://musenblaetter.de/artikel.php?aid=26314&suche=ernst.
Heisenberg W., 1925. Über quantentheoretische Umdeutung kinematischer und mechanischer Beziehungen. Z. Phys. 33, 879.
Heisenberg W., 1927. Über den anschaulichen Inhalt der quantentheoretischen Kinematik und Mechanik. Z. Phys. 43, 172.
Heisenberg W., Pauli W., 1929. Zur Quantendynamik der Wellenfelder. Z. Phys. 56, 1.
Heisenberg W., Pauli W., 1930. Zur Quantentheorie der Wellenfelder. Z. Phys. 59, 168.
Hermann A., 1980. Das Gewissen der Physik: Wolfgang Pauli. Bild der Wiss. 5, 114.
Hoffmann D., 2014. Ein Physiker zwischen Hitler und Stalin. Spektrum der Wiss. 2, 2014.
Jost R., 1984. Erinnerungen: Erlesenes und Erlebtes. Phys. Bl. 40, 178.
Kuhn R., 2024. Biografie. https://de.wikipedia.org/wiki/Richard_Kuhn.

Meitner L., Orthmann W., 1930. Über eine absolute Bestimmung der Energie der primären $\beta$-Strahlen von Radium E. Z. Phys. 60,143.
Noether E., 1918. Invariante Variationsprobleme. Gött. Nachrichten 1918, 235.
Pauli W., 1921. Relativitätstheorie. Enzykl. Math. Wiss. Bd. 5, 539.
Pauli W., 1925. Über den Zusammenhang des Abschlusses der Elektronengruppen im Atom mit der Komplexstruktur der Spektren. Z. Phys. 31, 765.
Pauli W., 1926. Über das Wasserstoffspektrum vom Standpunkt der neuen Quantenmechanik. Z. Phys. 36, 336.
Pauli W., 1927. Zur Quantenmechanik des magnetischen Elektrons. Z. Phys. 43, 601.
Pauli W., 1932. Ergebnisse der exakten Naturwiss. Bd. 10, 186.
Pauli W., 1940. The connection between spin and statistics. Phys. Rev. 58, 716.
Pauli W., 1955. Exclusion principle, Lorentz group and reflection of space-time and charge. In Niels Bohr and the Development of Physics, 30. London: Pergamon Press.
Pauli W., 1985. Wiss. Briefwechsel Bd. 2, 1930–1939. Hrsg K. von Meyenn. Heidelberg: Springer. http://cds.cern.ch/record/83282/files/meitner_0393.pdf ( Pauli Archives, CERN).
Pauli W., 1988. W. Pauli: Das Gewissen der Physik. Hrsg. C.P. Enz, K. von Meyenn. Braunschweig: Vieweg.
Pauli W., 2005. Wiss. Briefwechsel Bd. I – IV, 1979–2005. Hrsg K. von Meyenn et al. Heidelberg: Springer.
Peierls R.E., 1960. Wolfgang Ernst Pauli, Biogr. Mems Fell. R. Soc. 5, 174.
Rutherford E., 1899. Uranium radiation and the electrical conduction produced by it. Phil. Mag. 47, 109.
Schrödinger E., 1926a. Quantisierung als Eigenwertproblem. Ann. Phys. 79, 361.
Schrödinger E., 1926b. Über das Verhältnis der Born-Heisenberg-Jordanschen Quantenmechanik zu der meinen. Ann. Phys. 79, 734.
Shifman M., Ed., 2017. Standing together in troubled times. Singapore: World Scientific.
Thirring W., 2008. Lust am Forschen: Lebensweg und Begegnungen. Wien: Seifert Verlag.
Uhlenbeck G.E., 1976. Physics Today 29, 43.

GPSR Compliance
The European Union's (EU) General Product Safety Regulation (GPSR) is a set of rules that requires consumer products to be safe and our obligations to ensure this.

If you have any concerns about our products, you can contact us on

ProductSafety@springernature.com

In case Publisher is established outside the EU, the EU authorized representative is:

Springer Nature Customer Service Center GmbH
Europaplatz 3
69115 Heidelberg, Germany

www.ingramcontent.com/pod-product-compliance
Lightning Source LLC
LaVergne TN
LVHW020352260326
834688LV00045B/1687